L'OBSERVATOIRE

ET

SES MERVEILLES

DEUX JOURNÉES INSTRUCTIVES ET AMUSANTES

PAR

A. HUGUES

PASTEUR

MEMBRE DE LA COMMISSION AU MINISTÈRE DE L'INSTRUCTION PUBLIQUE
(SECTION DES SCIENCES)
ET DE L'ASSOCIATION SCIENTIFIQUE DE FRANCE

PARIS

GRASSART, LIBRAIRE-ÉDITEUR

2, RUE DE LA PAIX

—

1868

L'OBSERVATOIRE

ET

SES MERVEILLES

PARIS. — IMP. SIMON RAÇON ET COMP., RUE D'ERFURTH, 1.

L'OBSERVATOIRE

ET

SES MERVEILLES

DEUX JOURNÉES INSTRUCTIVES ET AMUSANTES

PAR

A. HUGUES

PASTEUR

MEMBRE DE LA COMMISSION AU MINISTÈRE DE L'INSTRUCTION PUBLIQUE
(SECTION DES SCIENCES)
ET DE L'ASSOCIATION SCIENTIFIQUE DE FRANCE

PARIS

GRASSART, LIBRAIRE-ÉDITEUR

2, RUE DE LA PAIX

—

1868

L'OBSERVATOIRE

ET

SES MERVEILLES

INTRODUCTION

I

L'ASTRONOME EN PLEIN VENT

> La science!... elle court les rues...
> (De Jouy, *l'Ermite de la chaussée d'Antin.*)

Qui de vous, chers lecteurs, si vous avez habité Paris, n'a vu la place Vendôme et sa colonne imposante? et si vous habitez la province, qui de vous n'en a entendu parler?

Au pied même du monument où la grandeur et les exploits militaires du premier empire se sont affirmés en bronze glorieusement ciselé, se trouve, presque tous les jours de beau temps et les soirs des nuits sereines, une lunette astronomique installée sur le sol, braquée vers le ciel, et dans le tube de laquelle un vieil astronome offre aux passants, moyennant la somme de dix ou de quinze centimes, un spectacle aussi intéressant qu'il est peu dispendieux. Quand c'est en plein jour, c'est le soleil dont le volume énorme et les taches mobiles excitent la curiosité des passants ; la nuit, la scène se complique : tantôt le disque de la lune déploie sa surface zébrée d'ombres et de points lumineux, montre les montagnes qui découpent ses bords et pose le problème de ses cratères ; puis vient Vénus, qui montre les deux cornes de son croissant dont la découverte causa de si vives joies à Galilée. Voici Mars à la teinte sanglante sur laquelle deux grandes plaques neigeuses, s'étendant et se rétrécissant tour à tour, trahissent des pôles analogues à ceux de la terre, par suite, un équateur, des zones, des saisons, des climats variés, de l'eau, de l'air, des vents, tout ce qu'il faudrait à une population.

Veut-on voir Jupiter? Le voici. Il paraît plus gros qu'une orange : des bandes transversales se meuvent sur son disque et décèlent de longs bataillons de nuages. Quatre satellites, vraies lunes, éclairent les nuits de cette grosse planète. L'on peut facilement, à l'aide de l'instrument, en distinguer deux au côté droit de l'astre, un à la gauche; le quatrième est en ce moment éclipsé, se trouvant dans la grande ombre conique que Jupiter projette à l'opposite du soleil.

Saturne aussi fait partie du spectacle offert en pleine rue; Saturne couleur de plomb, escorté de ses huit satellites qui produisent une suffisante illumination

pour ses nuits ténébreuses mais courtes ; couronné,
pour surcroît, de ses anneaux grandioses qui font de
lui une merveille unique dans le ciel connu.

En fermant complaisamment les yeux sur cette
installation au milieu d'une place, infraction apparente
aux règles de la viabilité parisienne, la police a eu
deux bonnes raisons : l'humanité d'abord, car le vieil
employé trouve là un modeste moyen d'existence. La
parfaite innocuité de cette tolérance en est aussi la
justification ; la grille carrée du piédestal de granit
que surmontent les quatre aigles de bronze, arrêtant
forcément la circulation, le vieil opticien a pu, sans
obstacle, établir là ses pénates. D'autre part, peut-être
aussi l'on n'a pas jugé mauvais qu'aux yeux des étrangers visitant la métropole des arts et du goût, par-ci,
par-là, quelques vestiges de science apparussent.
Ces traces d'hommes civilisés, spécimen bien faible
de ce qu'on découvrira plus tard, ont leur langage.
On verra autre chose en fait de science, semblent-
elles dire, quand on pénétrera sous cette écorce, et
que Paris voudra bien laisser entrevoir à ses visiteurs son trésor intérieur d'intelligence, de génie et
d'art.

Dans l'un des angles du glorieux carrefour, un spec-
tateur attentif eût remarqué un groupe qui venait de
descendre d'une calèche, et qui paraissait comploter à
voix basse quelque grand projet ; groupe inoffensif et
dont les gardiens nocturnes de la ville n'eussent pu
suspecter les intentions. Six personnes composaient
ce groupe : une dame âgée, en deuil, ses deux filles,
ses deux fils et leur institutrice. Cette dernière, presque

aussi jeune que l'aînée des demoiselles, joignait à un air triste et sérieux une distinction de manières qui pouvait faire augurer que des malheurs chrétiennement portés avaient passé par ce jeune cœur. Son front pâle rayonnait d'intelligence, l'ensemble de sa physionomie témoignait d'une culture et d'une expérience précoces.

L'aînée des jeunes filles et l'aîné des fils devaient avoir à peu près le même âge. Ils entouraient leur mère des plus tendres soins et montraient pour l'institutrice un respect presque pareil.

Les deux plus jeunes enfants différaient aussi de sexe, et leur contenance animée et joviale, leurs mouvements de curiosité contrastaient avec la gravité des autres personnages.

Tout le groupe semblait vivement s'intéresser à la lunette dressée à quelques pas de distance et en ce moment entourée d'une foule assez compacte de curieux; car c'était l'heure où, en cette saison, certains ateliers se ferment, et les ouvriers qui traversaient la place s'arrêtaient un moment devant le scientifique appareil; se faisaient des questions; quelques-uns se permettaient le luxe de voir ce que montrait l'astronome en plein air sur la voûte scintillante.

Naturellement, la conversation roulait sur l'astronomie. Non sur cette astronomie savante, ne consistant qu'en formules arides. Les questions dont ces gens simples s'occupaient étaient celles qui rapprochent de Dieu, loin de le supprimer. Ces corps étincelants, leur belle ordonnance, leur course rapide jamais troublée, la mystérieuse probabilité de leurs habitants, c'étaient les questions qu'on abordait : questions de tous les temps et de tous les lieux ! Bien que seulement entrevu en passant, les conclusions qu'on tirait de ce spectacle n'étaient autres que Dieu : Dieu et sa puissance, Dieu et sa sagesse, Dieu et son immense amour. Les négations, s'il y en avait, n'osaient se déclarer.

Notre groupe, lui aussi, écoutait et concluait de la même manière. Une voix pieuse avait laissé entendre cette grande parole : *Les cieux racontent la gloire de Dieu.* Et une autre voix d'un timbre plus jeune avait répondu : *Et l'étendue donne à connaître l'œuvre de ses mains !*

L'occasion d'acquérir quelques notions sur la cosmographie était favorable; elle était même désirée depuis longtemps par la mère. On allait la saisir.

— Je t'assure, maman, s'écria le plus jeune des enfants, qui s'était un moment écarté, je t'assure que le vieux monsieur explique très-bien les astres aux curieux qui entourent sa grosse lunette.

— Oh ! que je voudrais donc l'entendre ! répondit une voix de jeune fille.

— Veux-tu, mère, que nous nous avancions un peu ?

— J'y consens volontiers, répondit la mère; et même, ajouta-t-elle, lorsque la foule aura diminué, je consens à ce que vous regardiez dans la lunette.

— Que tu es bonne ! oh ! merci ! s'écrièrent plusieurs voix joyeuses, accompagnées de battements de mains.

On se rapprocha de l'instrument, et, tandis que les derniers spectateurs achevaient leur inspection du ciel à travers le cristal des lentilles, l'une des jeunes personnes disait à l'autre à voix basse : Comme nous sommes favorisées ! Dieu nous permet de contempler ce soir une portion de cette *armée des cieux, qu'il créa par sa toute-puissance.*

— Et qu'il maintient, murmura une autre voix, par le *souffle de sa bouche !*

Au même instant, le plus âgé des fils qui, sur un signe de sa mère, était allé s'assurer du moment opportun, se rapprocha disant : Mère, la place est libre maintenant.

Ils s'adressèrent au vieillard. Celui-ci, avec une politesse grave, disposa les deux uniques siéges placés près de lui, et les offrit à la mère et à l'institutrice ; imprimant ensuite au tube de la lunette quelques légers mouvements, pour la fixer dans la direction et au point voulus, il commença l'explication de chaque phénomène à mesure qu'il avait lieu, plaçant de temps en temps son œil à l'oculaire, et avertissant nos jeunes curieux du moment où un astre entamait le champ de la lunette.

Ils étaient six ; une demi-heure fut à peine suffisante pour que chacun de nos amis eût satisfait sa curiosité. Cette ardeur d'apprendre des choses si nouvelles et si remplies d'intérêt, puisque, pour eux le doigt de Dieu s'y laissait partout apercevoir, cette ardeur ne faisait que s'accroître, loin de s'assouvir.

Ce ne fut pas sans regrets ni soupirs qu'il fallut quitter le magique instrument et remonter en voiture. Le logis était loin, l'heure avancée. La mère alors fit part à ses enfants du dessein depuis longtemps conçu d'aller avec eux, un jour, visiter l'Observatoire impérial, ce foyer de tant de science, ce centre de tant de travaux.

Il fallait en obtenir l'autorisation. Ce n'est pas chose facile, et l'on en conçoit les raisons. Mais cette bonne mère ne désespérait pas d'y réussir. D'anciens et loyaux services rendus par son mari au Bureau des longitudes ne pouvaient avoir été oubliés; elle comptait faire valoir ce titre. Nous verrons avant peu que cet espoir était fondé. La communication qu'elle venait de faire à ses enfants fut pour eux un sujet de vive joie et de fiévreuse attente.

L'esprit satisfait, le cœur doucement ému, ils quittèrent la place Vendôme. Et quand le fils aîné, dans sa joie de ce qu'il avait vu, de ce qu'il espérait voir plus tard, se mit à murmurer à voix basse ce premier vers d'un chœur bien connu :

> Tout l'univers est plein de sa magnificence...

les voix enfantines de la jeune sœur et du jeune frère, obéissant à ce signal, balbutiaient comme un doux écho, auquel tout l'intérieur de la voiture s'associait d'intention, le restant de la strophe :

> Qu'on l'adore, ce Dieu, qu'on l'invoque à jamais;
> Son empire a des temps précédé la naissance;
> Chantons, publions ses bienfaits.

En attendant que l'idée de la visite à l'Observatoire

ait acquis sa maturité dans le cœur de l'excellente mère avec qui nous venons de faire connaissance, nous nous mettrons à sa disposition pour l'aider, quand elle jugera le moment venu, dans l'enfantement et dans l'exécution détaillée de son louable dessein.

II

LES VISITEURS

> Moi et ma maison, nous servirons l'Éternel.
> (Josué, xxiv, 15.)

Le projet maternel, connu de nos lecteurs, avait pris tous les jours plus de consistance. En se formulant dans ses détails, en s'érigeant en promesse, il était devenu le sujet d'une joie des plus vives pour tous les membres, sans exception, de la famille que nous avons rencontrée, quelques jours avant, au pied de la colonne Vendôme.

Si nous faisions poser quelques instants devant nous chacune des six personnes qui composaient cette famille, l'esquisse que nous pourrions en tracer, en devenant plus ressemblante, croîtrait peut-être en intérêt. Une notion plus fidèle des personnages et de leur caractère aide à mieux saisir le sens de leurs paroles ; on assiste avec plus de réalité à leurs entretiens. Essayons d'en déposer ici les principaux linéaments.

Madame Sutterville, née d'une famille peu aisée, avait néanmoins reçu une éducation des plus distinguées, car son père, officier d'état-major dans l'armée française du premier empire, avait, en retour de ses bons services, obtenu pour elle la faveur d'être élevée dans l'institution impériale des jeunes demoiselles de Saint-Denis.

Une de nos grandes victoires la rendit orpheline.

Recherchée, peu de temps après, par l'un de ces hommes instruits et sérieux qui, dans le choix d'une compagne, mettent en première ligne les qualités personnelles, elle consentit à se marier. M. Sutterville, son mari, reçut et accepta la mission de travailler au perfectionnement de la *méridienne de France*, qu'avaient commencée les illustres Delambre, Mechain et Arago.

Les rudes travaux auxquels il se livra avec dévouement altérèrent promptement une santé trop délicate pour cette tâche épuisante. Il les quitta, rentra dans la vie privée, où pendant les trois années qu'il mit à achever de mourir, il consacra ses dernières forces à ses enfants, dont les deux aînés, Hélène et Augustin, pouvaient déjà comprendre ses leçons et en profiter.

« Je ne mourrai pas sans espérance, *je sais en qui j'ai cru...*, dit M. Sutterville à sa digne épouse quand il se sentit près de sa fin. Je vous laisse un grand protecteur dans le ciel. Que mes enfants soient élevés dans sa crainte. Une foi positive, je le sens surtout en ce moment, est nécessaire... Mais une foi éclairée... afin qu'elle soit plus solide. La religion n'a rien à craindre de la science. » Son dernier regard tourné vers sa femme disait : « Qu'ils connaissent Jésus-Christ!... » Un suprême serrement de mains lui en fit la promesse. La séparation douloureuse s'accomplit.

La veuve Sutterville n'eut qu'une pensée, celle de

tenir cet engagement. Elle arrangea sa vie dans cet unique but. Leçons, lectures, instructions du foyer qui laissent un parfum si durable, récréations, promenades, culte, tout se fit sous les yeux de la tendre mère et concourut au même dessein. Le fruit de ce dévouement éclairé en fut la récompense : madame Sutterville eut la plus exquise des joies d'une mère, des enfants qui répondaient à ses soins et à son amour.

Hélène était charmante. Cette impression que faisait éprouver à tous quelques instants passés auprès d'elle, rien qu'à la voir dans la moindre de ses actions, rien qu'à l'entendre dans le moindre de ses propos, cette impression ne résultait pas seulement des traits gracieux et doux de sa figure et de la distinction des ses manières, mais surtout de son expression de bonté inaltérable et de sensibilité toujours naturelle. Un seul regard jeté par elle sur sa mère eût fait deviner à un étranger l'affection qu'elle lui portait, pour peu que cet étranger eût été capable d'un sentiment pareil. Entourer cette mère de ses soins, aller au-devant de ses désirs, l'entendre parler, s'occuper d'elle, ne vivre que pour elle, c'était la joie de la jeune fille.

L'application qu'elle avait mise à toutes ses études avait fait d'elle une personne d'un rare mérite intellectuel; ce mérite s'accroissait tous les jours. Elle avait désiré s'associer aux études d'Augustin, depuis que celui-ci avait congédié l'étude des idiomes de Rome et d'Athènes, pour circonscrire son plan d'études spéciales aux sciences naturelles. Dans cette voie, avec l'assentiment de sa mère, bien entendu, elle avait suivi Augustin. Elle voulait le tenir en haleine par une sorte d'émulation et de concurrence fraternelle, le devançant quelquefois par un sublime effort de tendresse, afin d'être plus tard, devancée par lui, à son tour.

Cette touchante lutte, sans porter la moindre atteinte à sa modestie, avait développé beaucoup son esprit. Loin d'elle la plus petite ostentation de savoir! On l'entendait parfois assaisonner d'un fin sourire ce vers qu'elle semblait adopter pour programme :

> Assez d'esprit pour savoir être aimable
> Et pas assez pour être insupportable.

En effet, on était étonné de la trouver si instruite quand l'occasion s'offrait d'elle-même de parler de ce qu'elle savait ; mais elle mêlait ces choses à sa conversation avec tant de modestie et de mesure que jamais il ne serait venu à l'esprit de personne que l'orgueil y fût pour la moindre part. On lui pardonnait sans peine sa supériorité, délayée qu'elle était dans un fonds de sympathie aimable et de simplicité toute chrétienne.

Augustin offrait un contraste remarquable, sans pourtant cesser d'être harmonieux, avec sa sœur Hélène. Il était plus âgé qu'elle d'une année, mais moins développé sous plusieurs rapports. Grand et vigoureux cependant comme sont à l'âge de dix-sept ans la plupart des natures fortes et nobles, son caractère avait plusieurs points de contact avec l'état viril et en promettait la plénitude ; grande satisfaction pour la veuve de qui le cœur voyait, en ce fils, revivre l'époux si prématurément enlevé. En effet, au moindre désir ou à la plus légère répugnance manifestés par cette mère, Augustin s'empressait, avec les procédés les plus tendres, d'accomplir le vœu pressenti plutôt qu'articulé. Le bonheur rayonnait dans ses yeux chaque fois que l'occasion lui en était fournie. Nature loyale et droite du reste, il avait, dans certains moments, de ces rudesses de franchise qui trahissaient des mouvements passionnés intérieurs, bien que la volonté sût toujours en demeurer la maîtresse. On sentait qu'on serait bien protégé par cet adolescent devenu homme; une telle âme quand elle aurait été gagnée à la religion, cultivée et puissante à la fois comme l'était la sienne, apporterait à cette religion un riche tribut d'énergique et efficace dévouement.

Il est rare qu'un caractère bien déterminé se laisse découvrir dans la physionomie des enfants. A huit ans et à neuf ans, âge de Susanne et d'Alfred, toutes les lignes du physique sont onduleuses et fugitives ; elles annoncent qu'on devient, mais qu'on n'est pas encore devenu. On promet, on ne réalise pas ; mais les promesses de ces printemps ne sont pas ce que le cœur en aime le moins ; comme les réalités que l'été amène ne sont pas toujours ce qu'on en aime le plus.

Moins âgée d'un an que son jeune frère, Susanne, comme c'est l'ordinaire, était plus avancée que lui, et de caractère et même d'instruction. Elle le surpassait surtout en finesse et en gracieuse espièglerie. Alfred aurait pu passer pour un magnifique échantillon de la plus belle race enfantine. Ses beaux cheveux couronnaient de boucles dorées une tête dont Rubens et l'Albane eussent été jaloux, pour en doter les pages de leurs châteaux princiers. Les yeux bleu foncé de ce beau chevalier en herbe étaient loin pourtant de l'éclat velouté de ceux de sa sœur Susanne. A un âge si tendre, la sœur était déjà une gracieuse et mignonne jeune fille ; le frère, un superbe enfant.

Un trait commun les harmonisait tous les deux : c'est que tous les deux aimaient leur mère avec un complet oubli d'eux-mêmes. Le mot d'adoration conviendrait ici pour exprimer leurs sentiments. Dans Alfred, cette adoration n'était pas exempte de quelques teintes passagères de bouderie, qu'un mot, une caresse dissipaient aussitôt; celle de Susanne s'associait à de certains petits détours, à de certaines évasions qui eussent pu, dans un âge plus avancé, être qualifiées sévèrement ; germes qui n'échappaient pas à l'œil vigilant de la mère et qui, combattus à temps, devaient inévitablement disparaître par la saine culture prodiguée à ces jeunes cœurs.

A l'heure où nous sommes, une même pensée fermente dans toute la famille ; c'est la pensée de la visite à l'Observatoire. Déjà éclose depuis quelque temps, nous l'avons dit, elle avait été caressée, choyée, nourrie ; elle souriait à tous. L'instruction, le devoir, le plaisir s'y rattachaient. Les difficultés qui seraient soulevées pour d'autres visiteurs ne pouvaient ici créer des obstacles invincibles, du moment qu'une haute influence devait être mise en jeu pour les aplanir.

Madame Sutterville tenait aussi vivement à l'exécution du projet que sa famille, quoique sous des formes dignes et calmes. Il lui semblait qu'agir dans ce sens, c'était s'acquitter d'un devoir religieux. La nature parle de Dieu : conviction inébranlable chez elle. Plus on feuillette ce livre, plus profondément on pénètre dans ses déroulements merveilleux, plus on se rapproche de celui qui est le *Roi des siècles*, *seul sage*, *seul puissant*, *seul bon*. La science, sous peine de ne pas mériter ce nom, doit produire ce fruit : conduire à Dieu. De cette maxime trop négligée ou trop combattue de nos jours, madame Sutterville, fidèle aux pieuses recommandations du lit de mort, avait fait sa devise, son programme d'éducation. Qui eût osé ne pas l'en féliciter ?

Elle voulait, au surplus, associer à son plan la jeune institutrice qui tous les jours, venait chez elle initier Alfred et Susanne aux difficultés de la langue française et du calcul. Encore quelque jours et, sous sa surveillance allaient reprendre les cours déjà commencés sur les éléments de la physique et de la sphère ; sans omettre dans cet ensemble ni l'histoire de France, ni les éléments de la botanique, en appliquant le tout à l'art agricole, à l'industrie, aux mœurs, à la religion. L'institutrice, cheville ouvrière de toute cette œuvre, avait de droit sa place dans le projet de cette cette visite à la science, comme elle en avait une dans l'affection de la mère et des enfants.

Nous verrons dans plusieurs occasions combien ce droit était bien établi pour mademoiselle Lydie Crammer : c'était son nom.

La demande fut faite ; l'autorisation donnée avec courtoisie ; un employé choisi fut désigné pour servir au besoin de guide à nos amis au travers de tant de salles et de tant d'objets inconnus. Le jour et l'heure furent fixés ; on se munit de ce qu'il fallait pour prendre des notes. Alfred surtout proclamait qu'il voulait tirer de cette étude un riche parti.

Le surlendemain à dix heures précises, nos visiteurs frappaient aux grilles de l'Observatoire impérial.

PREMIÈRE JOURNÉE

I

UNE LENTILLE

Et Deus dixit : Fiat lux et lux facta est.
(Genèse, i, 3.)

Or voici au préalable ce qui était advenu.

Ils traversaient le pont Neuf. Il était encore de trop bonne heure pour arriver au lieu du rendez-vous. Le magasin d'opticien qui occupe la pointe ouest de la Cité les arrêta. Ils y entrèrent pour faire quelques menues emplettes.

Une lentille, que l'on venait d'achever de polir, et dont on voulait montrer le fini à un chef d'atelier, attira vivement leur attention.

Sa forme, élégamment convexe, sa limpide transparence, le poli parfait de sa surface furent admirés. L'ouvrier, plus expert que personne sur le véritable mérite des choses de son art, leur fit remarquer l'absence

complète des petites bulles intérieures et de ces fila-
ments qui se trouvent trop souvent dans ces objets.

Les réflexions se portaient d'elles-mêmes, de l'art
industrieux et savant qui avait mis cette belle matière
en œuvre, à l'agent rapide qui devait la traverser : la
lumière. Ils songéaient aux emplois nombreux que
l'homme sait lui confier et dont elle s'acquitte avec
tant de perfection : prisme, miroir, phares, cadran solaire, lunettes, microscope et télescope, chambre
obscure, saccharimètre, fantasmagorie, photogra-
phie... Que d'instruments elle met en jeu! que d'engins elle anime!

La lumière!... vibrant éther... qui coule à flots
pressés et remplit de ses rapides effluves l'espace universel, éclairant tout, donnant à tout la forme, le relief, les nuances du coloris, le mouvement, tout ce qui
fait passer un objet du néant ténébreux à l'existence.

Ainsi, cette lentille, ce tout petit morceau de verre
(ô puissance des associations d'idées!) nous faisait
ressouvenir de ce mot dont la sublimité nous échappe,
éclipsée par l'habitude : « Dieu dit : *Que la lumière
soit, et la lumière fut!* » quelle grandeur simple dans
la chose exprimée! Quelle grandeur également, et
quelle simplicité dans l'expression! Quand le Créateur
a voulu employer le langage des hommes, n'est-ce
ainsi que ses pensées semblent avoir dû se traduire?

La lumière!... comment la définir, comment l'analyser, comment exposer convenablement sa nature,
ses propriétés, ses puissants et bienfaisants phénomènes? comment surtout l'admirer au degré où elle
mérite d'être admirée?

Elle part, elle vole... plus rapide mille fois qu'aucune flèche, plus véloce des millions de fois que l'oiseau qui fuit devant l'ouragan ; les plus alertes de nos locomotives, les projectiles les plus prompts dont l'homme se sert pour frapper et renverser, l'éclair qui, dans un instant indivisible, enflamme les deux bouts de l'horizon, ne sont que lenteur de tortue auprès de la marche de la lumière. Elle laisse bien loin derrière elle la planète se hâtant dans la vaste orbite où le soleil la retient en l'activant. Dans moins de temps que nous en avons mis à tracer les lignes de ce paragraphe, elle est arrivée, messagère diligente autant que splendide, de ce soleil jusqu'à nous. Elle nous donne aussi des nouvelles de Jupiter et de ses quatre lunes ; de Saturne et de son mystérieux anneau ; d'Uranus, dont elle semblait révéler certaines irrégularités de conduite. Mais le génie scientifique ne souffre pas que l'on calomnie les lois de Dieu. Il réhabilita Uranus par la découverte d'un monde lointain et perturbateur, de Neptune. Les confins pressentis, plutôt que démontrés, du domaine solaire, quel étrange point de départ pour l'un des pas de géant les plus inattendus, mais les plus réels de l'astronomie moderne !

Revenons à la lumière.

Puisqu'il s'agit de sa rapidité, quel temps mettrait un rayon lumineux pour arriver du Soleil jusqu'à nous ?

La question a été résolue par la découverte de Rœmer, au moyen de l'étude suivie des éclipses des satellites de Jupiter.

Le temps que mettrait la lumière à faire ce trajet de 38,000,000 de lieues serait de huit minutes ; c'est à raison de 77,000 lieues par seconde de temps. Pour nous arriver de la soixante et unième étoile du Cygne, il faudrait trois ans et demi. Elle mettrait vingt-deux ans pour venir de Sirius à notre œil; cinquante ans pour venir de l'étoile Polaire, et soixante et douze ans pour faire le trajet depuis la brillante étoile appelée la Chèvre.

Reconnaissons l'utilité de ce gracieux verre convexe: sans la lentille, aucun des nombres exprimant ces distances n'aurait pu être calculé.

Que dire des inflexions et des modifications que les verres optiques font subir au fluide lumineux? Aussi souple qu'il est rapide, il se réfracte, il se concentre, il se réfléchit, il se décompose et se recompose. Un milieu plus dense le fait dévier dans un sens, un milieu plus rare le fait dévier dans une direction opposée. Un certain angle d'incidence sur certaines substances le polarise, c'est-à-dire lui attribue de nouvelles propriétés que l'homme a su tourner au profit de ses industries.

Quelle tâche ce serait de décrire la prodigieuse dispersion dont est susceptible un rayon lumineux! Ses vibrations n'éclairent pas seulement les objets qu'il atteint de son choc direct. Cette atteinte brise le faisceau et en étale les fragments dans tous les sens. Chaque portion de la surface des objets éclairés devient une source lumineuse qui verse tout autour d'elle d'innombrables jets du même fluide. Qu'on se figure cet échange réciproque, cet emprunt mutuel. Lancée dans toutes les directions, émanant de toutes les surfaces, reçue sur toutes les anfractuosités de chaque corps, d'où elle rebondit sur des millions de chemins, la lumière directe se métamorphose en lumière diffuse.

Sous ce nouvel état, elle pénètre dans l'intérieur de nos maisons, dessine les formes des objets, accentue leurs saillies, leur donne, par la magie du clair-obscur, une réalité vivante; on peut le dire, le peintre de l'univers, c'est la lumière.

Par quelle incroyable propriété un site, un point de vue, ou gracieux, ou imposant, vient-il se retracer, avec tous ses détails, au fond de mon œil? O le beau lac, dans son encadrement de superbes monts, et ses festons d'une végétation si opulente! De nombreuses barques aux banderoles flottantes s'y promènent sur des eaux d'azur. A peine si la brise produit, çà et là, quelques rides légères. La flottille manœuvre, va, vient, s'éloigne. Un brick à vapeur, dans le lointain, redouble d'efforts pour l'atteindre, laissant en arrière son panache tourbillonnant. Toutes ces grandeurs, tout ce mouvement, tout ce mélange de force et de grâce se fondent en un paysage enchanteur dont ma rétine est la toile. Je le vois, il émeut mon imagination. Otez la lumière, tout s'éteint; il n'y a plus rien; la lumière avait tout produit.

Malheureux est celui qui a perdu la lumière! Ne pouvoir plus contempler la nature; être privé de voir les traits du visage humain, ce mobile miroir des sentiments, ne jamais surprendre sur la figure d'un ami les signes de la sympathie qu'il nous porte, demeurer étranger à cet éclair de l'âme passant à travers un regard... Tel est son sort... oh! qui rendrait à l'infortuné le jour éclipsé, éclipsé pour toujours, lui rendrait la joie, la vie. Il n'aurait pas de plus grand bienfaiteur.

Dieu a été pour nous ce bienfaiteur; nos âmes doivent l'avoir compris. Il pouvait nous laisser enveloppés d'é-paisses ténèbres. La nuit, encore la nuit, à jamais la nuit... Il ne l'a pas voulu.

La matière est créée dès le commencement, mais le chaos règne. Il faut en sortir, il faut renverser cet em-pire anarchique et désordonné. Et les époques de la création commencèrent par la création du jour.

Il y a là, entre la religion révélée et la science, un point de contact qui frappe l'esprit et qui va au cœur. Celle-ci n'a-t-elle pas découvert que la lumière se trans-forme en chaleur, la chaleur en mouvement, celui-ci en fluide électrique, ce dernier en magnétisme, et ré-ciproquement? ces éléments de l'universelle vie sont le même élément transformé. Créer la lumière, c'était mettre dans le monde tous les éléments de la vie. Qu'elle s'incline donc, cette science, devant le livre révélateur qui a proclamé avant elle la priorité aussi bien que la prééminence du jour dans l'univers. Qu'elle avoue qu'elle n'aurait pas mieux fait que Dieu. Qu'elle admire ce sublime débutant qui, dès son entrée en scène, lance à la lumière l'ordre audacieux d'appa-raître; et que, voyant la lumière obéir à celui qu'elle reconnaît pour son souverain, la science ne se borne pas à l'admiration, qu'elle rende grâce et qu'elle adore.

D'une lentille, petit verre taillé et poli, aux deux surfaces convexes, et dont l'auteur de cet écrit a fait le titre d'un de ses chapitres, de cette humble lentille

conclure à l'adoration… est-ce d'une logique rigoureuse? dira peut-être quelqu'un.

Oui, répondrons-nous, c'est d'une logique rigoureuse, et en voici une dernière raison.

Dieu a placé, dans l'œil de l'homme et dans celui
des animaux inférieurs à l'homme, une lentille, une
vraie lentille : c'est le cristallin, sans lequel la vision
ne se ferait pas distinctement. Comme la lentille que
vous avez vue, le cristallin est destiné à recevoir les
faisceaux lumineux, à les réfracter vers son foyer, à
les y concentrer, à produire une image. L'œil est un
magnifique instrument d'optique. Il est habilement
installé, il est merveilleusement protégé, il est mobile dans tous les sens; il n'admet que la quantité de
lumière qu'il lui faut; s'il n'en a pas assez, il trouve
le secret de s'en procurer davantage; il se met de lui-
même juste au point visuel de son observateur caché.
Quelle construction habile, quel prodige de délicatesse
et d'adresse, quelle réunion de combinaisons supé-
rieures! Ah! la lumière a été faite pour l'œil; l'œil a
été fait pour la lumière. Leur correspondance est si
évidente, que l'on rougirait d'en douter. Un plan, une
harmonie, un but divin ne peuvent ici être méconnus.
Nier cela, ce serait atteindre les limites de la déraison,
ce serait les franchir.

II

A QUOI SERVENT LES CAVES

> Si je monte aux cieux, tu y es ;
> Si je descends dans les profondeurs
> de la terre, t'y voilà.
>
> (Psaume cxxxviii, 8.)

Alfred, le plus jeune des fils de madame de Sutterville commençait à s'impatienter et demandait vivement que sa mère lui confiât la permission écrite, quand la porte s'ouvrit ; ils l'avaient franchie à peine, qu'ils virent sortir de la loge un homme aux manières polies qui leur demanda s'ils étaient porteurs d'une autorisation. La vue de la signature ne fit qu'augmenter le ton respectueux du gardien qu'avait déjà frappé l'air distingué de la veuve. Il conduisit celle-ci jusqu'à la principale entrée, où elle fut accueillie par l'un des secrétaires du directeur.

Une voûte passablement surbaissée couvre une espèce de porche ; aux murs latéraux sont pratiquées des portes de service, et tout au fond, sur le côté droit, sont les premières marches d'un grand escalier, conduisant aux étages supérieurs et ouvrant un passage sur la terrasse et sur le jardin.

L'œil vigilant de madame Sutterville s'était aperçu

qu'Alfred était demeuré un peu en arrière. Or, elle connaissait la délicate fragilité et la haute valeur de quelques-uns des instruments qui allaient être offerts à leurs yeux ; elle connaissait encore mieux la curieuse impatience de son enfant. Craignant donc qu'emporté par cette ardeur de voir et de connaître, il ne touchât à quelque objet, elle l'appela.

— Maman ! s'écria celui-ci : oh ! n'allez donc pas si vite. Il y a ici quelque chose de très-curieux que vous seriez fâchée de n'avoir pas vu. Et sa main désignait un large et obscur soupirail entouré d'un balustre de fer. Il est placé vers le milieu de cette espèce de vestibule, et les ténèbres du fond de cette ouverture sont telles que le regard les interroge vainement.

LE SECRÉTAIRE, s'approchant. — C'est le soupirail des caves de l'Observatoire. Leur entrée est dans une pièce plus éloignée.

MADAME SUTTERVILLE. — Ayez la bonté, monsieur, de nous dire ce qu'ont de commun ces souterrains avec les astres.

LE SECRÉTAIRE. — Tout s'enchaîne dans la nature ; les caves d'un observatoire peuvent servir à constater certains faits qui, à leur tour, se rattachent à d'autres faits plus généraux.

MADAME SUTTERVILLE. — Notre curiosité attend de votre courtoisie quelques détails de plus.

LE SECRÉTAIRE. — Vous ne serez pas étonnée, madame, si je vous dis que dans ces profondeurs il règne une température autre qu'à la surface de la terre.

HÉLÈNE. — N'y fait-il pas plus frais en été et plus plus chaud en hiver qu'à la surface ?

Le Secrétaire. — Oui, mademoiselle, comme dans toutes les caves, avec cette différence que comme celles-ci s'étendent en profondeur autant que le monument lui-même s'étend en élévation, il est un point dans cette étendue souterraine où la température n'éprouve aucune variation ni l'été ni l'hiver.

Augustin. — Que c'est donc surprenant ! vous dites, monsieur, qu'à partir de ce point d'invariabilité et en remontant vers la surface, la température augmente...?

Le Secrétaire. — Augmente ou diminue selon la saison où l'on se trouve. Augmente en été, diminue en hiver ; la chaleur solaire étend son influence jusque-là, pas plus bas.

Augustin. — Quelle est cette température invariable?

Le Secrétaire. — Onze degrés huit dixièmes centigrades (11°,82). Il y a dans cet endroit de la cave un thermomètre qui marque constamment cette température depuis trois quarts de siècle.

Augustin. — Et à quelle profondeur est-il placé?

Le Secrétaire. — A vingt-sept mètres de profondeur (27^m,60); ce chiffre est pour Paris; car pour d'autres climats, la profondeur de la couche invariable n'est plus la même. En allant vers l'équateur cette profondeur diminue; en allant vers les pôles, elle augmente.

Augustin. — Mais, monsieur, est-il vrai que plus bas que le thermomètre invariable, la chaleur croît en proportion de la profondeur? Je ne pouvais le croire.

Le Secrétaire. — Vous pouviez le croire. C'est une vérité démontrée, au moins pour les profondeurs accessibles à l'homme. Il est probable que la loi de cette augmentation est la même à toutes les profondeurs.

Augustin. — Ne me taxez pas d'indiscrétion si je désire connaître cette loi.

Le Secrétaire. — Je trouve cette curiosité naturelle, elle est même louable. Voici donc cette loi : A partir de la couche invariable, chaque descente de 30 mètres augmente la chaleur d'*un* degré. Il faut que j'ajoute ceci : que le sol plus ou moins conducteur du calorique porte cette distance tantôt à 20 mètres seulement, tantôt à 40.

Hélène. — Mais, monsieur, la chaleur de l'eau bouillante, à quelle profondeur la trouverait-on ?

Le Secrétaire. — Vous pourriez le calculer facilement vous-même. Voulez-vous l'essayer ?

L'Institutrice. — Voici un crayon, un carnet ; nous allons faire ce petit calcul.

Hélène. — Par où commencer ? Ah ! l'eau bouillante est à 100°, la couche invariable à onze. Nous n'avons donc que 89° à supputer, à raison de 30 mètres, en moyenne, par degré ; l'eau bouillante se trouverait donc à 2,670 mètres de profondeur.

L'Institutrice. — N'omettez pas d'ajouter à ce produit les 27 mètres de distance entre la surface du sol et la couche invariable. Total : 2,797 mètres.

Hélène. — Deux mille sept cent quatre-vingt-dix-sept mètres ! ce n'est pas trois quarts de lieue. Avoir l'eau bouillante si près de nous ! n'est-ce pas effrayant ?

Le Secrétaire. — Que diriez-vous donc des températures qui règnent à de plus grandes profondeurs?

Augustin. — Alors, quelques centaines de mètres plus bas, les rochers, les sables, les métaux se fondraient. Tout l'intérieur du globe serait en feu; la croûte solide seule, assez refroidie pour être habitable, flotterait sur une sorte de lave brûlante.

Hélène. — L'effroi me rend curieuse, et j'ai hâte de savoir à quelle distance nous sommes de ces horreurs.

Le Secrétaire. — On ne peut guère préciser cette distance scientifiquement; car ce calcul renferme des facteurs inconnus. Qu'importe du reste que ce feu central soit à 10 ou 20 lieues sous nos pas, ou au double? il suffit de savoir qu'il existe et que la partie solide du globe n'est qu'une minime fraction de la masse totale.

Madame Sutterville. — N'est-il pas surprenant, monsieur, que Job ait fait mention de ce *feu* qui est *sous la terre bouleversée* et que l'apôtre saint Pierre dise qu'un jour les *éléments seront dissous par le feu?*

Le Secrétaire. — D'autant plus surprenant qu'aux époques de Job et de saint Pierre, la science était loin d'avoir constaté ce fait. Quant à la destruction de notre globe, la science se tient sur la réserve; elle considère le feu intérieur et les gaz qui s'en dégagent comme la cause des tremblements de terre et des volcans; elle admet aussi la possibilité d'explosions qui amèneraient la destruction de notre planète, à une époque inconnue.

Madame Sutterville. — Ce soupirail nous apprend des choses bien sérieuses; ce que vous avez bien voulu nous dire à son occasion confirme nos croyances.

Le Secrétaire. — Les caves, desquelles il opère la ventilation ont servi à d'autres choses encore : C'est ici que furent faites les célèbres expériences sur la chute des corps.

HÉLÈNE. — Pourrais-je savoir quel fut le résultat de ces expériences?

LE SECRÉTAIRE. — Il y en eut plusieurs. On constata qu'un corps pesant qui tombe librement parcourt dans la première seconde de sa chute $4^m,9$, à Paris. On reconnut que cette vitesse croît en proportion du temps que dure la chute. On démontra enfin que les espaces parcourus sont proportionnels aux carrés des temps employés à les parcourir. Ces études déjà faites ailleurs furent vérifiées ici. Mais pardon... je crains...

AUGUSTIN. — Que nous ne comprenions pas? Vous avez un peu raison de le craindre. Souffrez néanmoins une question. Vous parliez de Paris... est-ce que la chute des corps n'est pas la même partout?

LE SECRÉTAIRE. — Certainement, non; si nous étions plus près du pôle, la chute des corps serait plus rapide; vers l'équateur, elle serait plus lente.

HÉLÈNE. — Augustin me l'avait affirmé; je ne pouvais me l'imaginer. Si je l'osais, je vous demanderais pourquoi cette différence.

LE SECRÉTAIRE. — Les corps tombent quand ils cessent d'être retenus; c'est en vertu de leur pesanteur qu'a lieu cette chute. Leur pesanteur, c'est donc l'attraction que la terre exerce sur eux. Eh bien, cette force attractive étant au centre du globe, plus on est près de ce centre, plus la force d'attraction ou la pesanteur est énergique. Quand on est plus loin du centre, elle s'affaiblit.

SUSANNE. — Je ne comprends plus... du tout. Voyons. La terre n'est-elle pas comme une orange? Alors, sur tous les points de l'écorce on est à la même distance du point du milieu ; vous voyez donc que la pesanteur ne doit pas changer, puisqu'on n'est jamais ni plus près, ni plus loin du centre.

HÉLÈNE. — Regarde mieux ton orange, ma chère Susanne, tu découvriras qu'elle est visiblement aplatie. Et si la terre lui ressemble, plusieurs points de sa surface sont inégalement éloignés du centre. Tu vois maintenant que l'attraction du centre doit être plus forte aux deux pôles qui en sont plus voisins, et qu'elle doit être plus faible vers l'équateur qui en est plus éloigné.

SUSANNE. — C'est vrai, je comprends maintenant, mais la différence doit être si peu de chose que ce n'est pas la peine d'en parler.

LE SECRÉTAIRE. — C'est peu de chose, en effet, et mademoiselle Susanne a raison. Mais quand il s'agit de sciences, une extrême précision est de rigueur. C'est même cette exactitude qui assure leurs progrès.

MADAME SUTTERVILLE. — La science de la pesanteur a-t-elle fait des progrès par ce moyen?

LE SECRÉTAIRE. — La chute des corps sur notre globe a été l'une des bases par lesquelles on a pu découvrir la chute des corps et leur pesanteur dans les diverses planètes. Par là fut toujours mieux confirmée la grande loi que découvrit Newton, savoir que tous les corps pèsent ou gravitent les uns à l'égard des autres, en raison directe de leur masse et en raison inverse du carré de leur distance. Loi simple et sublime à la fois, de laquelle il résulte l'équilibre universel.

Madame Sutterville. — J'aime vous entendre parler d'équilibre : c'est synonyme d'ordre, et cela conduit directement nos pensées au grand ordonnateur. C'est le Dieu que notre cœur adore.

Augustin. — Mais, bonne mère, permets qu'à ce propos j'exprime une objection que j'ai entendu faire : Si cette loi simple et sublime règle les mouvements des astres et la chute des corps, Dieu n'est plus nécessaire, la loi de l'attraction suffit à tout expliquer.

L'Institutrice. — Permettez ; la loi de l'attraction explique tout, excepté sa propre existence. Plus elle est simple, plus elle est sublime, plus elle implique un sage et universel législateur. Cette puissance régulatrice, c'est encore le Dieu que nous adorons.

Augustin. — Vous me faites très-bien voir, mademoiselle, que l'objection dont je me suis fait l'écho a peu de portée ; elle recule la difficulté sans la résoudre. Il faut toujours en venir à Dieu. Dieu est le mot de la grande énigme de l'univers.

Hélène. — Cet obscur soupirail avec ce thermomètre invariable qu'il cache dans ses profondeurs, et ces expériences sur la pesanteur qu'il rappelle, ont replacé l'énigme sous nos yeux, et le mot de l'énigme également.

Madame Sutterville. — Ces caves sont pour moi l'image de la science. Selon l'esprit qu'on apporte à son étude, elle peut conduire au culte de la matière ou à celui de Dieu. Malgré notre ignorance, nous avons opté pour ce dernier. Dieu soit béni !

Le Secrétaire. — Je me joins à vous, madame, et dans cette option que j'ai faite aussi, et dans ce vœu qui est celui de mon âme.

Alfred. — Allons-nous-en, cette ouverture n'est pas gaie, et nous avons tant d'autres choses à voir !

III

LE CHRONOMÈTRE

> C'est ici l'heure de nous réveiller.
> (Rom. XIII, 11.)
> Qu'un nom, qu'un souvenir!
> (*Chants chrétiens*, n° 1.)

ALFRED. — Je te dis qu'elle va mal, très-mal même, cette grosse pendule en bois de noyer.

HÉLÈNE. — Comment veux-tu qu'à l'Observatoire une pendule aille mal?

ALFRED. — Tu ne veux pas me croire... tu t'opiniâtres dans ton idée... Hélène, c'est très-mal de ta part.

HÉLÈNE. — Mais c'est si invraisemblable, ce que tu dis.

ALFRED. — Invraisemblable... tant que tu voudras, mais c'est la vérité, et pour preuve, vois ma montre; je l'ai réglée ce matin, elle va à la minute. Vois l'heure, et compare.

SUSANNE. — Trouve bon, Alfred, que je me range du parti d'Hélène.

ALFRED. — As-tu des yeux?... Dix heures et trois-quarts... hein!... et sur la grosse pendule? vois donc...

deux heures trente et une minutes, sans compter les secondes. Qu'en dis-tu, Hélène, maintenant ?

Hélène — Je dis, comme je le fais souvent, que je ne comprends pas. Mais voici Augustin avec notre bonne institutrice et plus loin notre mère. Peut-être leurs explications vont-elles résoudre la difficulté.

Augustin. — Quelle difficulté?... voyons. Je m'attends à en rencontrer plus d'une par ici.

Hélène expose le sujet de la discussion.

Augustin, considérant la pendule et la montre. — C'est fort étonnant en effet, deux heures très-différentes !... (Après quelques moments de réflexion.) Avez-vous observé que le cadran de la grosse pendule est divisé en vingt-quatre heures et non en douze comme nos cadrans ?

Hélène. — C'est bien une différence, mais elle n'éclaircit pas le mystère. Il faudrait que l'aiguille des heures du gros cadran marquât un chiffre double de celui de la montre d'Alfred ; ce qui n'est pas.

Augustin. — Il me revient un souvenir... mais c'est un peu vague... On distingue le jour, en jour sidéral et en jour solaire. Le premier c'est le temps (je me le rappelle maintenant) qu'une étoile, ayant traversé aujourd'hui notre méridien, met à y revenir, vingt-quatre heures juste.

Hélène. — Et le jour solaire... te rappelles-tu ce que c'est, Augustin ?

Augustin, hésitant. — C'est sans doute le temps qui s'écoule entre un passage du soleil au méridien et le passage suivant : vingt-quatre heures encore. C'est ce qui m'embarrasse, car ce serait la même durée, et il faut qu'elle soit différente.

Susanne. — Peut-être les heures n'ont-elles pas la même longueur dans ces deux sortes de jours, et alors...

L'Institutrice. — J'écoute votre conversation depuis quelques instants, mon devoir est de m'y associer. Or, sachez que ma chère Susanne a raison ; les heures n'ont pas la même longueur dans le jour sidéral que dans le jour solaire ; le soleil semble marcher plus lentement que les étoiles, pour arriver au plan du méridien d'un lieu.

Hélène. — N'allons pas trop vite, je voudrais bien comprendre.

L'Institutrice. — Eh bien, les étoiles, dans leur révolution apparente autour de l'axe du monde, arrivent plus vite au méridien que le soleil ; le soleil n'y arrive que environ quatre minutes plus tard ; c'est ce qui fait la différence entre la durée du jour sidéral et celle du jour solaire.

Augustin. — La pendule que nous avons sous les yeux marque les heures du jour sidéral, et nos montres indiquent les heures du jour solaire. Je comprends maintenant comment entre les unes et les autres il y a une différence.

Susanne. — Mais mademoiselle vient de nous dire que le soleil ne retarde son passage au méridien, par rapport à celui des étoiles, que de quatre minutes environ ; et la différence entre les heures de la pendule et celles de la montre est bien plus grande. Pourquoi cela ?

Hélène. — Quatre minutes tous les jours... chère œur! Ces quatre minutes additionnées depuis le jour où le soleil a franchi l'équinoxe du printemps (le 22 mars) ont produit le retard de nos montres et l'avance de l'horloge sidérale.

Alfred. — Cette dernière, ne l'appelle-t-on pas aussi chronomètre?

L'Institutrice. — Oui, monsieur Alfred; on donne aussi ce nom aux montres marines, ainsi que celui de garde-temps.

Augustin. — Mais les mouvements du vaisseau doivent déranger les oscillations du pendule-régulateur.

L'Institutrice. — Non, car le régulateur des montres marines n'est par ordinairement un pendule, c'est un ressort en spirale produisant le même effet, quand des artistes habiles l'ont construit.

Madame Sutterville, à l'Institutrice. — Chère demoiselle, communiquez-nous ce que vous savez sur l'emploi du chronomètre.

L'Institutrice. — Je suis loin de pouvoir vous dire toutes ses utilités; je sais seulement qu'il est le moyen principal pour trouver la longitude d'un navire en mer. Si vous me demandez pourquoi, j'ajouterai que si un chronomètre a été, au départ du navire, parfaitement réglé sur l'heure sidérale d'une ville dont on connaît la longitude, on n'a qu'à comparer l'heure du lieu où l'on sera parvenu avec celle indiquée par le chronomètre, la différence des heures pourra se convertir en degrés de longitude et fixer la position où l'on est.

ALFRED. — Oh! que je voudrais bien comprendre cela, moi qui désire si fort voyager!

AUGUSTIN. — Peut-être un exemple nous éclaircirait la chose, et j'en ai le désir autant que toi, cher Alfred.

Un navire, je suppose, part des bouches du Gange pour se rendre à la ville du Cap. Calcutta est à la longitude de 86°8′ est du méridien de Paris. Le Cap à 16°3′ de longitude est du même méridien ; la différence est de 70°5′. Comment ferons-nous pour connaître, au milieu d'une nuit orageuse, si nous approchons du port, si nous ne l'avons pas dépassé, s'il est prudent ou non d'y chercher un refuge contre les vagues énormes qui avaient fait surnommer ces parages le cap des Tempêtes?

L'INSTITUTRICE. — Le moyen est bien simple : Le navire a pris sur son chronomètre l'heure des bouches du Gange avant de partir ; le capitaine sait par un calcul facile que les 70°5′ de longitude correspondent à 4ʰ40ᵐ de temps. Il sait que l'heure de Calcutta est en avance de cette quantité de temps sur l'heure du Cap. Quand donc l'horloge marine du vaisseau, soigneusement réglée, marque cette différence en retard, il sait qu'il approche du but de sa course et il le voit en quelque sorte malgré les brumes et les ténèbres.

ALFRED. — Et il manœuvre en conséquence, n'est-ce pas, soit pour s'éloigner de la côte, soit pour y chercher un abri ?

SUSANNE. — Oh! alors, vive le chronomètre ! Il a dû souvent être le salut de maints bâtiments, en leur montrant, avec la longitude, d'un côté le port, de l'autre l'écueil.

L'Institutrice. — Le chronomètre offre à la science une si grande foule d'applications, qu'il serait trop long de les énumérer ici. Ses indications sont d'une précision merveilleuse. Aussi, pour obtenir cette propriété, les parlements et les académies ouvrirent des concours, fondèrent des prix afin d'exciter les ouvriers à leur perfectionnement. C'est ainsi qu'un charpentier anglais, Harrison, put mériter un prix de deux cent cinquante mille francs, doublé de la gloire d'être compté parmi les bienfaiteurs de l'humanité.

En France, Leroy, Berthoud, Breguet, Winnerl prirent, parmi les meilleurs artistes de l'horlogerie de précision, une place qui les rendit sinon les maîtres du moins les émules des étrangers.

Hélène. — J'en suis tout heureuse pour mon pays; heureuse aussi pour la cause de la religion; car l'Évangile de notre Dieu Sauveur obtiendra une expansion plus rapide par toutes ces routes rendues ainsi plus sûres et plus courtes.

Augustin. — Mon admiration s'élève de ces mécaniciens de qui les mains habiles ont construit ce chronomètre à cet autre mécanicien qui tira l'univers du néant, qui l'organisa, qui en régla les rouages, qui sut y mettre et y conserver une si divine précision.

Susanne. — Ne pourrait-on pas dire que le ciel est comme un cadran somptueux où Dieu fait circuler des aiguilles d'or, d'argent et de diamant, soleil, lune et étoiles ?

L'Institutrice. — Votre comparaison, chère Susanne,

est plus juste que vous ne pensez ; vrai cadran, en effet, que la voûte du ciel ! L'homme des champs et le marin y lisent l'heure du jour avec assez de justesse pour vaquer ponctuellement à leurs affaires.

L'homme instruit y déchiffre les semaines, les mois, les ans, à l'aide des aspects divers des luminaires et des positions du soleil.

L'astronome y suppute les ères, les olympiades, les durées des révolutions des planètes, la révolution immense en durée des pôles du monde et des points équinoxiaux.

Le poëte, à la suite de Pythagore et de Platon, croit entendre le rhythme céleste de leur musique. Il y mêle sa voix :

> Dieu dit au mouvement : Du temps, sois la mesure ;
> Il dit à la nature :
> Le temps sera pour vous, l'éternité pour moi.

L'Institutrice. — La foi du chrétien a la vue plus perçante encore ; derrière le cadran du ciel, il entrevoit un cadran d'une splendeur supérieure ; le cadran immobile de l'éternité.

Le temps passe, dit-elle ; voyez le fuir, sous vos regards avec les oscillations de ce pendule. Elle approche cette période qui ne finira pas ; repos délicieux pour le peuple croyant ; pour la troupe infidèle, salaire d'opprobre. C'est alors que le chronomètre éternel de Dieu semblera dire à chacun de ses battements, selon l'expression d'un éloquent missionnaire... Jamais, toujours... toujours, jamais !...

IV

VENGEANCE D'UN PROSCRIT

> Et toi, grand prince, que j'honorai jadis comme mon roi et que je respecte maintenant comme le fléau du Seigneur, tu auras aussi part à mes vœux.
>
> (SAURIN, Serm. pour le 1er janv. 1704.)

La curiosité des enfants de madame Sutterville, et la politesse courtoise avec laquelle, grâce à une haute recommandation, on avait accueilli, et même encouragé cette curiosité, avaient porté leurs fruits. La jeunesse se met vite à l'aise quand elle rencontre la bienveillance. Une réponse était à peine articulée par l'obligeant secrétaire, qu'une autre question surgissait ; mais comme le but des demandes n'était pas une indiscrétion puérile, ainsi qu'il arrive souvent, mais plutôt un vrai désir de connaître, naturel aux bons esprits, il était rare qu'on éludât d'y satisfaire.

Dans ce moment, divers objets appartenant à l'optique, passaient sous les yeux et entre les mains de nos jeunes visiteurs. L'optique joue un grand rôle à l'Observatoire. On croira sans peine que les questions sur l'emploi de ces objets ne tarissaient pas. C'étaient des réticules, des oculaires, des miroirs concaves et convexes, des chercheurs, des lentilles démontées, tout un arsenal de science.

— Remarque donc ceci, Augustin, s'écria tout à coup Alfred, vois ce verre ; il est convexe d'un côté, et de l'autre, aplati ; vois comme c'est épais : mais remarque cette petite ligne de séparation entre les deux verres, car il y en a bien deux. On les dirait collés l'un avec l'autre. Comme c'est adroitement ajusté !

AUGUSTIN. — Monsieur vient de m'apprendre que ce sont des verres achromatiques.

ALFRED. — Achromatiques ! Que veut dire ce mot ? Et pourquoi deux verres réunis ! un seul ne suffirait donc pas ? Cela me paraît compliquer beaucoup les instruments auxquels on les adapte, et ils sont déjà passablement compliqués. Pourrions-nous savoir la raison de cette combinaison de tant de verres ?

AUGUSTIN. — Que ne suis-je aussi fort pour les réponses que tu l'es, mon pauvre Alfred, pour les questions ! Je t'aurais déjà répondu.

LE SECRÉTAIRE, se rapprochant d'eux. — Je me fais un devoir de vous expliquer ce point. — Les lentilles ordinaires peuvent être considérées comme composées d'une multitude de petits prismes. En les traversant, la lumière blanche s'y décompose, comme dans un prisme unique. Chacun des faisceaux lumineux colorés, étant réfracté sous des angles variés de grandeur, apporte l'image des objets un peu plus près ou un peu plus loin.

ALFRED, interrompant. — C'est un savant appelé Newton, un Anglais, n'est-ce pas, qui a découvert que la lumière se décompose ?

AUGUSTIN. — On n'interrompt pas ainsi, Alfred.

Le Secrétaire. — Je suis bien aise que M. Alfred se rappelle ce nom. Eh bien, voilà donc plusieurs images vertes, rouges, bleues; mais ces rayons sont inégalement réfrangibles, leurs images ne se portent pas exactement sur le même point; là où une autre lentille les aurait saisies pour les porter à l'œil après les avoir amplifiées.

Alfred. — Y a-t-il donc trois images du même astre?

Le Secrétaire. — Non, cher monsieur, ces trois images superposées n'en font qu'une, mais moins distincte, car elles ne coïncident pas exactement; et surtout cette image se trouve colorée, sur ses bords, de rouge, de bleu, de vert; et, comprenez combien cela doit nuire aux observations; leur précision fait tout leur mérite. De plus, au lieu de trois couleurs, mettez-en sept, et jugez quelle confusion.

Susanne. — Je sais leurs noms, on me les a appris : cela fait un vers... si j'osais...

Le Secrétaire. — Osez, ma chère demoiselle. Vous complétez mon exposé.

Susanne, avec volubilité :

Violet, indigo, bleu, vert, jaune, orangé, rouge.

Le Secrétaire. — Fort bien, mademoiselle. Mais ce mélange de tant de couleurs prêtait aux astres une apparence diffuse qui fut appelée irisation, comme qui dirait des arcs-en-ciel.

Augustin. — Cela se comprend. Et quel remède y a-t-on trouvé?

Le Secrétaire. — Justement ce que vous tenez dans vos mains; c'en est un échantillon : les verres achromatiques. Le grand Newton y avait beaucoup pensé; mais sans résultat. Ce fut un autre Anglais qui fit cette heureuse découverte, M. Dollond. Il imagina d'associer dans le même oculaire, en contact parfait, deux sortes de verre, le flint-glass et le crown-glass : son succès fut complet. Par cet ingénieux procédé, les astres furent vus nettement; ils furent surtout débarrassés de ces franges colorées si fatigantes pour l'œil. Aucune découverte n'a, plus que celle-là, contribué aux progrès de l'astronomie.

L'Institutrice. — Monsieur, pardonnez-moi... mais est-on bien assuré que M. Dollond fût un Anglais? Il me semble... avoir lu quelque part...

Le Secrétaire. — Je me hâte de vous donner raison. M. Dollond était naturalisé Anglais, mais cette famille était française d'origine. Les persécutions religieuses l'avaient, comme tant d'autres, forcée à fuir sa patrie. Ne pouvant servir Dieu comme elle l'entendait, elle préféra l'exil à la privation de la plus chère des libertés, celle de la conscience et du culte.

Hélène. — Honorables exilés! il faut donc joindre leurs noms à cette multitude de commerçants, de manufacturiers, d'hommes instruits, d'habiles et laborieux cultivateurs que ce noble motif chassa de leur pays. Ils emportèrent avec eux leur intelligence, leur probité commerciale, leurs capitaux, leurs industries. Accueillis avec empressement en Hollande, en Allemagne, en Angleterre, en Suisse, ils enrichirent ces contrées de tout ce qu'ils emportaient.

Alfred. — Oui... mais... ils appauvrissaient leur pays de tout ce qu'ils en emportaient.

Hélène. — C'était leur pays qui, aveuglé, s'appauvrissait lui-même, tout en se rendant coupable d'une cruelle injustice.

Augustin. — Ill'a bien expiée! Tiens, rappelle-toi ton verset de dimanche : *La justice élève une nation, mais le péché est l'opprobre des peuples.*

L'Institutrice. — La famille proscrite des Dollond comprit qu'il fallait se montrer, par le travail et l'étude, digne de l'hospitalité de sa nouvelle patrie. Dieu la bénit. Son travail, sa piété portèrent leur fruit. La découverte des verres achromatiques la rendit célèbre. La science européenne fut, ainsi pendant longtemps, tributaire de la fabrication anglaise. Aujourd'hui, les choses ont fort changé.

Madame Sutterville. — Oui, certainement, la France aujourd'hui produit et exporte une grande quantité d'instruments d'optique et d'astronomie. Mais ces instruments doivent une partie de leur précision et de leur valeur à la découverte du pauvre enfant qu'elle avait expulsé de son sein.

Augustin. — Dollond a rendu le bien pour le mal. N'aurions-nous pas fait comme lui, si nous l'eussions pu, cher Alfred?

Alfred. — Question embarrassante! je ne sais pas trop ce que j'aurais fait à sa place. Je sais une chose, c'est que j'abhorre qu'on me tyrannise, et... quand cela arrive, si je peux... je me venge.

L'Institutrice. — Mais il y a plusieurs manières de se venger. Répondre aux fureurs d'un gouvernement livré au fanatisme par la patience, puis par la fuite, puis par le travail et les bonnes mœurs ; se faire, de cette manière, une position où, d'un côté, l'estime vous entoure, et où, de l'autre côté, la conscience chrétienne est à l'aise dans le service de Dieu ; enfin, couronner tout cela par une découverte de la plus haute utilité, et de laquelle le pays qu'on a quitté profite beaucoup lui-même, si c'est là se venger, c'est se venger noblement. Telle est la vengeance des chrétiens : sachant que c'est *à Dieu que la vengeance appartient*, ils oublient, eux, les plus mortelles injures, et ils prient *pour ceux qui les persécutent*. Si l'occasion s'en présentait jamais, cher monsieur Alfred, vengez-vous comme se vengea Dollond.

HÉLÈNE. — Pauvres persécutés !... *tisons arrachés du feu...* innocents mis aux galères, séparés des mères, des épouses, des sœurs... Combien durent leur paraître amères les larmes de l'exil ! O mademoiselle, quel bien la Providence a-t-elle pu extraire de ces criantes iniquités ?

L'INSTITUTRICE. — A travers ces ténèbres, les sages aperçoivent de lointaines clartés ; dans ces horizons orageux, ils voient poindre l'aurore des réveils qui rajeunissent les peuples. Que notre ignorance nous rende circonspects, et notre propre faiblesse, tolérants. N'oublions pas que la vérité gagne plus qu'elle ne perd à ce qu'on souffre pour elle. Sous ces grandes commotions historiques, on discerne tout d'abord les intérêts et les haines en jeu ; on discerne plus distinctement encore le doigt de Dieu gouvernant le monde.

LE SECRÉTAIRE, à part. — Honnête et intéressante famille !... Prenant congé d'eux : Madame, agréez mes très-humbles respects... Chers amis, au revoir.

5.

V

LA MESURE DE LA PLUIE

> Je donnerai la pluie dans sa saison.
> (Deutéronome, xi, 14.)

Notre courtois cicerone ayant été obligé de nous quitter (c'est la veuve Sutterville qui parle), nous gravîmes seuls l'escalier monumental qui aboutit à la haute plate-forme. Là, une foule de curieux se pressaient, avides de voir chacun l'objet de sa préférence ; qui l'équatorial de Gambey, qui, l'anémomètre enregistreur, qui, le grand dôme rotatif, muni de la graned lunette due à l'opticien Lerebours, avec son pied parallactique, qui, le grandiose panorama étalé sous les regards depuis le point culminant.

Avec quelques autres curieux, nous nous arrêtâmes au pied d'une haute et vaste caisse aux pans carrés, dressée quelques pieds au-dessus du sol de la tour, avec laquelle elle semblait communiquer par le bas. C'était le grand pluviomètre de la plate-forme. D'autres instruments du même genre sont installés dans la partie inférieure du monument.

L'un des visiteurs nous instruisit de cette particularité, savoir : que les pluviomètres inférieurs accusent une plus grande quantité de pluie que ceux qui sont placés plus haut. D'où il tirait cette conséquence que les pluies sont plus abondantes dans les plaines que sur les montagnes. Il chercha à nous faire comprendre la cause de cela : Les gouttes de pluies résolvent en eau la vapeur aqueuse existant dans l'air interposé, et se l'appropriant, arrivent au sol grossies par cette espèce de recrutement.

Quoi qu'il en soit de cette explication, nous apprîmes qu'arrivée dans le pluviomètre, la pluie, au moyen de canaux intérieurs, est recueillie dans un autre vase muni d'un tube gradué extérieur, où l'on peut lire la quantité de pluie qu'a produit chaque ondée et chaque jour, ces chiffres ajoutés permettent d'obtenir des moyennes par jour, par mois, par année enfin. Quand cette moyenne annuelle n'est pas atteinte, l'année est dite sèche ; elle est dite humide, quand la moyenne est dépassée.

Poussant encore plus loin sa politesse loquace, ce visiteur essaya de nous faire comprendre le mécanisme d'un pluviomètre qui enregistre tout seul la quantité de pluie tombée ; c'est fort ingénieux, surtout c'est fort commode pour le repos que ce procédé permet aux employés de se donner. Mais, faute d'attention peut-être de notre part, ou bien faute de clarté dans la démonstration, nous ne la saisîmes qu'imparfaitement et nous nous mîmes à réfléchir sur ce que nous avions vu. D'autres objets vinrent nous distraire.

Mes plus jeunes enfants, lorsque nous nous retrouvâmes de retour à la maison, et libres de faire la revue de nos souvenirs, me demandèrent, revenant au pluviomètre, pourquoi les savants de l'Observatoire attachent tant de prix à connaître la quantité moyenne de pluie qui tombe par jour, par mois et par an.

Malgré que je le susse à peu près, je me tournai vers mon Augustin, l'invitant du regard à se charger, lui, de la réponse.

Il ne se fit pas prier pour y consentir.

Le pluviomètre ou udomètre, dit-il, est précieux à consulter en ce que, non-seulement il montre la quantité moyenne de la pluie que l'atmosphère verse, mais surtout la manière dont cette pluie est distribuée dans les différents mois de l'année, comme aussi dans les diverses contrées d'un même pays. Il importe beaucoup à l'agriculture de connaître cette distribution; car c'est elle qui détermine les régions agricoles, c'est-à-dire les lieux qui sont propres à telle ou telle culture, et impropres à d'autres.

Cette luzerne aux jolies fleurs bleuâtres, ce trèfle de Hollande dont se délectent nos grands bœufs, réussissent infiniment mieux dans les localités où les mois d'été et d'automne amènent de temps en temps quelques bonnes pluies. Les régions où les mois d'été sont secs et brûlants ne leur conviennent pas ; on n'y peut attendre de ces plantes fourragères qu'une coupe unique que diminuent souvent les gelées printanières ; tandis que les contrées à pluies d'été, la Normandie, la Flandre française, Toulouse, l'Écosse, la verte Érin, s'enrichissent des trois ou quatre coupes de leurs prés artificiels. Qu'on n'aille donc pas s'imaginer que l'agriculture et l'Observatoire soient sans rapports entre eux. Il y en a plus qu'on ne croit ; ce pluviomètre en est la preuve.

Se tournant vers sa mère, et d'une voix gravement émue, Augustin ajouta : — Cette caisse massive et inélégante ne me parle pas seulement d'économie rurale. Elle élève mon cœur plus haut.

— Oh ! dis-moi vite, Augustin, comment la pluie peut élever ton cœur plus haut que les fourrages, interrompit vivement Susanne.

Augustin. — Que c'est laid de ta part, pauvre petite sœur, de ne plus t'en souvenir ! C'est un passage pourtant de ton apôtre favori : *Il envoie les pluies de la première et de la dernière saison.* (Jacques, 5-7.)

— Oui, reprit Augustin, ce langage est aussi juste que magnifique. C'est Dieu, ce n'est que lui qui distribue la pluie. Le champ du laboureur la reçoit ; la terre entière en est rafraîchie ; notre irréflexion seule la méconnaît et la repousse parfois. Ingratitude aveugle ! l'arrosage du globe que nous habitons, voilà son résultat, et ne taxons pas ce résultat d'insignifiance.

Je ne connais rien de plus merveilleux, de plus empreint de haute sagesse et d'intentions bienveillantes que l'irrigation générale de la terre. Vois, mère, vois ces vapeurs à l'extrême horizon, ces nuages lointains ; des régions de l'ouest, les souffles des vents de retour nous les apportent. Vois comme ils sont chargés et saturés de la vapeur d'eau que chaque vague de l'Océan a permis à l'air qui la fouettait d'aspirer de sa masse. A la rencontre de nos continents, ils commencent à verser une certaine quantité de l'eau qu'ils contiennent. Ils vont plus loin. Voici les chaînes du Cantal, du mont Dore, des Cévennes ; voici les cimes du Puy-de-Dôme, du Forez et les ballons des Vosges. Il faut qu'ils s'élèvent pour franchir tant d'obstacles, et qu'en s'élevant, refroidis et condensés, ils déposent une partie de leur neige, qu'avril fondra. Mais ce sont maintenant les Pyrénées, le Jura, les Alpes qu'il faut franchir. Ici les flots aériens vont déposer le fardeau qui leur paraît léger; molécules glacées d'où s'alimenteront toute l'année la Garonne, la Loire, le Rhône, le Rhin. Que de populations attirées par leurs eaux vont se fixer sur leurs bords fertiles, y établiront leur commerce, leurs industries, leurs usines !

Quelle fécondité pour nourrir, vêtir et enrichir de mille produits variés des millions d'hommes qui peut-être ne penseront à rien moins, les ingrats ! qu'à l'auteur invisible du bienfait !

L'irrigation du globe !... Le régime de chaque cours d'eau ; les lois si complexes des crues du Nil, de l'Amazone, du Gange, du Sénégal, celles de la Bérésina aux lugubres souvenirs, du Mississipi et de ses affluents, dont les flots furent rougis récemment par des combats fratricides ; toutes ces eaux, ces lacs, ces cascades, ces fleuves qui exigeraient une vie d'études pour être bien connus, produiraient une suite d'admirations et d'extases religieuses par les bienfaits qu'ils révèlent. Fleuves sillonnés par mille steamers, machines mues par tant de chutes d'eau, barrages qui font remonter la navigation si loin dans les terres, fraîches fontaines que tant de gosiers altérés ont fait bénir, ruisseaux aux bords desquels tant de jeunes fleurs sont écloses, et où tant de myriades d'êtres animés semblent, en s'agitant et en papillonnant, bourdonner la joie qu'ils ont de vivre... oh ! que toutes ces choses parlent bien de Dieu! Il est visible dans toutes ces ondes, dans ce mouvement alternatif de la mer aux montagnes, des montagnes à la mer; visible dans ce va-et-vient jamais interrompu, parce que le besoin ne l'est jamais; véritable circulation de la vie du globe; scène imposante et variée où tant d'agents soumis à la même autorité suprême concourent au grand dessein, air et vapeur, chaleur et lumière, soulèvement des monts, attraction des pentes. Quelle grande combinaison, quels vastes et forts moyens, quelle prévoyante sollicitude!.....

Et pour revenir au point de départ, tout cela évoqué devant nous par cette noirâtre et anguleuse machine, le pluviomètre des tours de l'Observatoire!

Quel mot digne de Dieu que celui du Deutéronome : *Je donnerai la pluie dans sa saison !*

VI

TORRICELLI ET SON TUBE

Il a donné son poids au vent.
(Job, xxviii, 25.)

Quelque temps avant la visite à l'Observatoire impérial, visite de laquelle notre essai n'est que le compte rendu, la famille Sutterville avait fait la lecture d'un livre qui l'avait fort intéressée. C'était le livre de M. le pasteur Gaussen, série d'instructions adressées aux élèves les plus avancés d'une petite école genevoise sur le premier chapitre de la Genèse. Bien des fois les conversations des enfants avaient eu le contenu de cet excellent petit livre pour objet.

Un soir, Hélène avait dit à sa mère :

— Crois-tu, maman, que cette étendue ou ce firmament, dont parle la révélation au 1er chapitre du livre de la Genèse, versets 6 et 7, soit réellement l'atmosphère, cette grande masse d'air entourant de tous les côtés le globe que nous habitons ?

MADAME SUTTERVILLE. — Cette explication, sans être tout à fait exempte de difficultés, me paraît plausible et satisfaisante.

HÉLÈNE. — Oui, bonne mère, mais les amateurs d'ob-

jections ne vont-ils pas se récrier? ne diront-ils pas que c'est beaucoup restreindre le sens des mots : *étendue...
firmament*, que de les appliquer uniquement à l'atmosphère? Elle n'est qu'une bien petite partie de l'étendue, savoir : les couches d'air s'étendant autour de nous.

Madame Sutterville. —On est pourtant forcé de convenir qu'une étendue au-dessous et au-dessus de laquelle se trouvent des eaux, fleuves, lacs, neiges et mers d'un côté — et de l'autre, vapeurs, nuages et brumes glacées, une telle étendue ne saurait guère être autre chose que l'atmosphère.

Hélène. — Que ta réponse me fait de plaisir! Cependant..., bonne mère..., il me semble...

Madame Sutterville. — Mon Hélène n'est pas satisfaite!... Voyons, parle.

Hélène. — Eh bien, il me semble que sur six jours ou six époques qu'a duré l'organisation de la matière terrestre (matière créée bien avant, *au commencement*), sur six jours ou six époques, en consacrer une, la deuxième, à l'atmosphère, cette petite et légère couche gazeuse où nous sommes plongés, c'est dépenser beaucoup de temps pour peu de chose, et en retrancher beaucoup à l'œuvre immense qui restait encore à accomplir.

Madame Sutterville. — Pour faire cette appréciation, chère enfant, il faudrait bien connaître et chaque œuvre et le rôle dont cette œuvre est chargée. Ce rôle, pour l'atmosphère, est peut-être plus vaste que nous ne l'imaginons. Si, en effet, comme on l'assure, l'air atmosphérique est indispensable à l'entretien de la vie de tous les êtres organisés, animaux et plantes, il était nécessaire que son existence précédât la leur. M. Gaussen a donc bien interprété le texte sacré ; et l'auteur inspiré de ce texte, sans avoir la mission d'enseigner la physique, montre bien par là qu'il la connaissait mieux que les hommes de son époque, et que les savants de plusieurs époques plus modernes.

L'Institutrice. — En bonne justice, si l'on réfléchissait sérieusement à cela, cette connaissance anticipée de choses dont la découverte n'a été faite que bien des siècles plus tard, et à force de travail et de génie, est un indice certain d'une révélation divine. A peine si les hommes les plus autorisés de nos jours, MM. Becquerel, Faraday, Agassiz, Élie de Beaumont, eussent osé assigner un ordre de dates aux choses créées ; Moïse l'a osé, et la science a été forcée, à moins de nier la création, d'admettre dans leur ordre les époques assignées par Moïse.

Cette conversation avait eu lieu quelque temps avant l'incursion de la famille au monument que nous avons commencé de décrire. Reprenons notre visite au point où nous l'avions laissée.

Pressés de voir la plate-forme et les dômes de l'édifice, nos visiteurs gravissaient le grand escalier ; la voix retentissante d'Alfred se fit entendre :

Alfred. — Venez donc voir ce qu'il y a ici... Est-ce curieux, tous ces tubes suspendus ? Tiens... c'est donc du vif-argent, que cela remue et se balance de haut en bas, pour peu que l'on y touche !

Augustin. — Alors n'y touche pas. C'est très-fragile, ce sont des baromètres ; oh ! qu'il y en a ! c'est ici apparemment la pièce où l'on éprouve et où l'on règle ces instruments.

Madame Sutterville. — Le secrétaire si complaisant n'est pas ici. Nous avons recours à vous, mademoiselle.

L'Institutrice. — Je voudrais mieux savoir ! Je me doute beaucoup que tous ces instruments renferment plus d'une révélation de la sagesse de notre Dieu.

Tous ensemble. — Oh ! dites-nous ce que vous en savez !

L'Institutrice. — Ils servent de mesure à la pression que l'atmosphère exerce sur tous les corps placés à la surface du globe. Tu as bien l'air de ne pas comprendre ma définition, chère Susanne.

Susanne. — Pas trop bien... Je l'ai retenue cependant : Le baromètre sert de mesure à la pression que... qui... Tenez, mademoiselle, je comprends mieux ce que je vois écrit sur la planchette où le tube est fixé. Lisez plutôt : très-sec, beau temps, pluie, tempête, variable. C'est clair cela !

Hélène. — Pauvre Susanne, ne serait-ce pas parce que le mensonge souvent nous frappe plus que la vérité ? Mais mademoiselle va te montrer le sens de tous ces mots.

L'Institutrice. — Ils ne signifient qu'une chose : le plus ou le moins de pression de l'atmosphère. Quand la pression est forte, la colonne de mercure est haute ; elle est basse au contraire quand la pression atmosphérique est faible...

Il y avait longtemps que Job avait dit : *Tu as donné son poids au vent ;* mais on n'avait pas compris. L'air paraissait si léger. On se riait du bonhomme Job et de son ignorance. Quand un jour, des mécaniciens chargés d'embellir de jets d'eau les jardins de Médicis, imaginèrent de construire des pompes puissantes pour aspirer l'eau dans de vastes réservoirs, quelle ne dut pas être leur déception ! L'eau n'arrivait jamais au-dessus de 10 ou 11 mètres dans leurs conduits. Une cause inconnue l'arrêtait à cette élévation. Galilée expliqua le mystère, Torricelli construisit le baromètre, et l'appliqua, avec un succès complet, à la mesure de la hauteur des montagnes. Job se trouvait avoir raison... C'est ainsi que souvent une difficulté apparente dans les livres saints et les objections qu'on en déduit se changent en arguments favorables, quand la science a fait ses découvertes. De ce genre de réhabilitations les exemples sont communs.

Hélène. — Il est doux de penser que le matérialisme de quelques savants peut devenir parfois le meilleur avocat de la religion.

Madame Sutterville, à l'Institutrice. — Mademoiselle, auriez-vous la bonté de nous citer quelques preuves de cette pression de l'air ?

L'Institutrice. — Le psaume IIe de David m'en offre une qui est concluante :

> Le tendre enfant qui pend à la mamelle,
> Prêche à nos yeux sa puissance éternelle.

Alfred. — Nous attendons de votre bonté, mademoiselle, le rapport qu'il y a entre ce petit nourrisson et la pression de l'air.

Augustin. — Je vais te le dire : Par le mouvement de succion de l'enfant, et par le vide que fait sa petite langue en se retirant vers l'arrière-bouche, le lait est aspiré comme par un piston, car la pression de l'air agit sur le sein maternel, et de l'arrière-bouche le liquide nourricier descend dans l'estomac et, digéré, il devient du sang. Voilà le rapport, il prêche, en effet.

Susanne. — Oh ! que Dieu est bon ! Mais qui a appris à l'enfant et à tous les petits des animaux à se servir de la sorte du poids de l'air qu'ils ignorent ?

Alfred. — C'est l'instinct.

Madame Sutterville. — Cher ami, tu prononces là un mot un peu vague ; si tu le retournais de tous les côtés, tu reconnaîtrais qu'au bout du compte, cet instinct ne signifie autre chose que Dieu.

Augustin. — Oui, c'est Dieu ; il a plus de science que l'enfant, la mère, et tous les savants réunis.

Madame Sutterville. — Et par un véritable miracle, il épanche, au moment voulu, des parcelles de son suprême savoir dans l'enfant nouveau-né. Mais n'y a-t-il pas quelque chose du baromètre dans ces pompes qui, du fond de nos puits, font monter et jaillir à portée de nos mains l'eau qui nous est si nécessaire ?

Augustin. — Même histoire que celle des fontainiers de Médicis. Ces derniers demandaient plus à la pression de l'air qu'elle n'était capable de faire. Nos pompiers, eux, savent quelle est la hauteur d'eau qui fait contre-poids à la colonne d'air de même base ; ils ne dépassent pas cette mesure, ils réussissent.

HÉLÈNE. — Te souvient-il, bonne mère, de cette course si amusante que tu nous fis faire à Fontainebleau, et de cette promenade au-travers de ces beaux rochers pendant la chaleur? comme nous étions altérés ! quel soleil ! et quelle soif! et pas d'autre eau que l'eau saumâtre des mares ! Pendant trois grandes heures... Alfred, haletant... Susanne, se faisant traîner, presque évanouie... Toi, désespérée et te lamentant de ce que tu appelais ton imprudence.

AUGUSTIN. — Mais aussi, quand nous fûmes arrivés, tu sais... à cette villa où sont les pompes et les frais courants d'eau... notre soif et notre désespoir s'évanouirent : il ne fut plus question que d'écouter la prudence et de ne pas trop boire de ces fraîches eaux. C'est alors que nous bénîmes les mécaniciens constructeurs.

MADAME SUTTERVILLE. — N'oubliâmes-nous pas un peu trop, en vrais ingrats que nous fûmes, le véritable bienfaiteur, ce grand mécanicien sans lequel nulle pompe n'est possible ; celui qui a *donné son poids au vent?*

L'INSTITUTRICE. — Et qui de plus, (comme vous pouvez le voir dans le psaume LXXVIII, v. 16), *a fait sortir les ruisseaux des rochers et couler les eaux comme des torrents.*

ALFRED. — Belle citation, certainement mademoiselle ! Ce qui n'empêche pas que vous ne soyez sortie passablement de la question. D'après mon professeur, cela n'est pas permis.

AUGUSTIN. — Tu vas toujours trop vite, Alfred ; sache que du baromètre aux propriétés de l'air, il n'y a qu'un pas, ou plutôt c'est le même sujet.

Alfred. — Oui ! mais les ruisseaux jaillissant des rochers... Ne sors-tu pas toi aussi de la question, mon brave Augustin ?

Augustin. — Ne sois donc pas si pressé et réponds à ma question : D'où proviennent les sources et les ruisseaux ?

Alfred. — Des eaux des pluies, et des neiges condensées sur les hautes montagnes. Les cavités et les crevasses de leurs couches reçoivent ces eaux comme des réservoirs, puis les filtrent en sources à leurs pieds.

Augustin. — Très-bien ; mais d'où viennent ces pluies et ces neiges ?

Alfred. — Elle viennent des vapeurs et des nuages que les vents charrient, et que les hautes cimes, par le froid qui y règne, forcent à se condenser et se précipiter en eau ou en neige. Tu me l'as assez expliqué, je dois le savoir.

Augustin. — Eh bien, ces vapeurs viennent de l'air, c'est l'air qui, à la propriété d'être pesant, joint celle de dissoudre l'eau. Il la vaporise, il s'en empare, il la loge entre ces molécules, la rend invisible, quand elle est bien dissoute, et la charrie çà et là, suspendue dans sa masse. Nous voyons par là que le baromètre n'est pas étranger aux nuages, aux pluies, et aux sources qui forment les rivières et les fleuves.

Hélène. — J'entrevois cette relation mystérieuse. Dieu voulait que notre globe fût arrosé, il voulait que de grands fleuves favorisassent les rapports des populations entre elles ; une foule d'usines devaient trouver dans les cours d'eaux des moteurs commodes. Il a chargé l'atmosphère de cette fonction. N'est-ce pas admirable?

Susanne. — Voici monsieur le Secrétaire. Il est déjà au haut de l'escalier ; il va, j'en suis sûre, répondre à ton exclamation.

Le Secrétaire. — J'ai saisi, en effet, des accents d'admiration dans la voix de mademoiselle. Pourrais-je en savoir l'objet?

Hélène. — Nous nous entretenions des bénéfices de l'atmosphère. Avais-je tort de les admirer?

Le Secrétaire. — Je présume que vous aviez un tort.

Hélène. — Lequel, monsieur?

Le Secrétaire. — Celui probablement de ne pas les admirer assez.

Augustin. — Il s'agissait de l'irrigation de notre terre, et j'allais formuler une petite objection ; j'espère que vous la réfuterez. Il me semble que ces nuages qui passent sur nos têtes, emportés par les vagues de l'air, ne peuvent pas entretenir cette quantité prodigieuse de fleuves qui, de toutes les montagnes du globe se rendent dans les mers.

Le Secrétaire. — Il le faut bien, puisque les mers les reçoivent et ne débordent jamais. Il faut que quelque moyen leur ravisse cette énorme affluence d'eau à l'état liquide ; l'évaporation leur soustrait une égale quantité d'eau à l'état de vapeur. L'évaporation, voilà donc ce merveilleux moyen d'arroser toujours la terre et de maintenir l'équilibre entre les eaux qui coulent des montagnes vers les océans et celles qui, sur l'aile des vents, reviennent des océans aux montagnes.

L'Institutrice. — Monsieur, permettez-moi de vous exposer un doute qui vient de s'élever dans mon esprit : Quoi ! tous ces fleuves ! non-seulement cette Seine, cette Loire dont les eaux font tant de désastres, ce Rhône si impétueux, ce Rhin, cette large Tamise, mais aussi cet énorme fleuve Saint-Laurent, où se dégorgent de si grands lacs, ce fleuve des Amazones, dont les bassins ont des surfaces à peine calculables, ce Nil, ce Gange, ce fleuve Jaune, ces immensités d'eaux passent sur nos têtes en vapeurs suspendues, en nuages légers, en brouillards que le premier rayon va dissoudre ! Une si insignifiante cause... produire des effets de cette grandeur ! Dissipez mon doute, monsieur, je vous en supplie.

Le Secrétaire. — Votre doute, mademoiselle, vient ceci : Vous ne vous faites point une notion assez juste de la force évaporatrice des chauds rayons du soleil ; ni de la grandeur des surfaces sur lesquelles le phénomène a lieu ; ni de la mobilité excessive du fluide aérien qui bat sans cesse les flots liquides dont il augmente encore la surface, les soulevant en lames énormes ; ni de la hauteur à laquelle les couches d'air s'étendent, hauteur qu'il ne serait pas exagéré de porter à 80 ou 100 kilomètres. Dans un pareil volume d'air, volume agité par des mouvements dans tous les sens, il y a de l'espace pour la quantité *de vapeur* d'eau à charrier. Nos idées mesquines sur le rôle immense de l'atmosphère se rectifieront si nous en croyons l'illustre Arago. Il affirme avoir calculé que la force employée annuellement pour la formation des nuages est égale à un travail que toutes les nations de la terre, quand elles seraient réunies, ne pourraient effectuer qu'en deux cent mille ans d'incessante activité.

Hélène. — Pour moi, oh ! je n'ai plus aucun doute sur l'importance de l'atmosphère ; je rougis de l'objection que j'ai osé articuler tout à l'heure ; car j'ai eu la témérité de me rendre l'écho de ceux qui disent que sur les six époques de la genèse du globe, c'était beaucoup d'en avoir employé une tout entière à la création de l'étendue.

Augustin. — J'aime trop ma chère sœur Hélène pour la comparer à ce roi de Castille qui prétendait que si Dieu l'avait consulté aux jours de la création, il aurait pu lui donner de bons avis; mais j'avoue que j'ai porté ce jugement sur l'un des rédacteurs du journal *le Siècle*, qui disait, il y a quelques semaines, que Dieu aurait bien dû faire un meilleur partage des bassins houillers, cette richesse des industries, et en donner un peu moins à l'Angleterre et un peu plus à la France.

Le Secrétaire. — Nous sommes tous plus ou moins, des Alphonse X à cet égard ; mademoiselle a fait son acte de contrition, elle échappe à la similitude. C'est pourquoi toujours à propos des bienfaits de l'atmosphère, il faut que je vous dise, en citant de mémoire, la conclusion du commodore Maury qui, en matière de météores, est une des plus célèbres autorités : « C'est l'atmosphère, dit-il dans son Traité sur la physique du globe, qui courbe les rayons du soleil pour leur faire produire les teintes embrasées et charmantes des aurores et des crépuscules ; car sans l'atmosphère, les rayons du soleil éclateraient sur nous le matin tout d'un coup à son lever, et nous feraient aussi à son coucher passer tout d'un coup des éblouissantes clartés du plein jour aux ténèbres de la nuit.

« C'est encore l'atmosphère qui apporte à nos poumons le gaz nécessaire à la vivification de notre sang, et qui entretient ainsi la flamme de notre vie, de la même manière qu'il entretient le feu de nos foyers.

« C'est l'atmosphère qui emporte au loin l'air que nous avons gâté par la respiration ; l'acide carbonique qui sort de nos poumons à chaque souffle, pour s'en aller demain nourrir les arbres des forêts et les simples des montagnes. »

C'est l'atmosphère, ajouterai-je, qui est le véhicule unique et fidèle des sons et des odeurs ; vous ne pouvez respirer les parfums embaumés de l'œillet, de la rose ou du thym, vous ne pouvez jouir des accords enchanteurs et des douces mélodies de Mozart et de Beethoven, ni des chants du rossignol, cet artiste caché dans les bosquets, ni des accents bien-aimés de la voix des êtres les plus chéris, sans l'atmosphère.

AUGUSTIN. — Et penser que l'on se croit religieux en ignorant tout cela !

L'INSTITUTRICE. — Et penser que beaucoup se croient philosophes, qui, sachant tout cela, mettent de côté l'idée de Dieu !

MADAME SUTTERVILLE. — S'il avait fallu, chers amis, que je susse tout cela pour avoir de la piété, j'en serais encore dépourvue. Et si pour être philosophe il suffisait de ne pas repousser l'idée de Dieu, beaucoup de pervers auraient droit à ce titre. Oh ! que je me figure la vraie philosophie et la vraie piété tout autres que cela et que j'en rends grâces à Dieu !

Susanne. — Tube de Torricelli, j'avais frappé juste en augurant que nous apprendrions de belles et bonnes choses par ton moyen. Merci, et adieu, tube de Torricelli !

VII

LE MYSTÉRIEUX ET LE SURNATUREL

> In majestate naturæ abdita.
> (Pline l'Ancien.)

Commençons par le déclarer ici afin que le vague des mots ne serve pas de couverture à la confusion des pensées : Nous appelons le mystérieux, ce domaine assez vaste de faits scientifiques encore environnés d'obscurité, soit dans le mode selon lequel ils s'accomplissent, soit dans la cause qui les produit.

Dans le domaine des choses morales, on donne le nom de surnaturel à tout fait dont la production constatée semble violer l'une des lois de la nature matérielle, et exige l'intervention spéciale du Créateur.

Ainsi les taches du soleil et leur retour périodique appartiendraient au domaine du mystérieux.

La création du monde et de l'homme, l'envoi du Fils unique, du Verbe incréé pour le relèvement de la race déchue, appartiendraient au domaine du surnaturel.

Or, il faudrait une bien grande dose de prétention scientifique pour nier qu'il y ait beaucoup de mystérieux dans le champ des sciences. Les points obscurs se multiplient devant l'homme, dans son état actuel. Le médecin en face d'une épidémie, le familier de l'Observatoire en contemplation d'une nébuleuse, tout comme le géologue devant un fossile inconnu, sont obligés d'en convenir : ici, le fil d'Ariane nous échappe, le mystérieux commence, nous côtoyons l'abîme des choses obscures.

S'inscrire en faux contre cette nécessité de notre nature que tant de faits constatent... qui l'oserait ?

Ah ! vous niez ! pourrait-on leur dire, que ce soient des mystères ; vous entassez les hypothèses explicatives de la grande énigme ; vous trouvez, faute de mieux sans doute, que le compte rendu de toutes ces choses est suffisamment évident.

« Il est bon de *comprendre* clairement, dit le père Malebranche, qu'il est des choses qui sont absolument *incompréhensibles.* » (Moquin-Tandon, *le Monde de la mer*, p. 191.)

L'apparition et la nature des comètes, l'alimentation des feux du soleil, l'inégale durée de la rotation de ses zones, les protubérances radieuses qu'offre son disque quand il est éclipsé par notre satellite, les variations séculaires, annuelles et diurnes de la bousssole, ces anneaux d'étoiles filantes et d'astéroïdes que l'on place aujourd'hui dans le ciel avec autant de prodigalité qu'on en mettait autrefois à imaginer ces cieux de cristal sur lesquels fit main basse Copernic, tout cela vous semble-t-il d'une parfaite clarté !

Votre prétention à tout comprendre dans le vaste mécanisme de l'univers n'est-elle pas un peu déroutée par cette étrange lumière zodiacale, par ces étoiles doubles ou triples, ou diversement colorées, par celles qui n'ont brillé que quelques mois et que l'on peut considérer comme des soleils pour jamais éteints ; ne l'est-elle pas par l'insoluble problème de cet anneau de Saturne, création tout originale, une ou multiple, gazeuse, liquide ou solide selon ses contemplateurs?

Enfin, et pour ne pas prolonger cette énumération, ne sentez-vous rien de mystérieux dans ces formes bizarres, quelquefois effrayantes qu'affectent les agglo-mérations nébuleuses, dans leurs incalculables distances, dans ces spirales échevelées qui trahissent une vitesse indescriptible? Cette matière cosmique elle-même qui se rencontre dans presque tous les coins du ciel, ces milliers de voies lactées que les puissants instruments résolvent en millions et en milliards de soleils, toutes ces séries de faits vous semblent-elles constituer une énigme dont vous ayez pleinement dé-chiffré le mot, et où il ne reste plus rien d'obscur pour vous ?

Ceux des hommes de science qui caresseraient une aussi étrange prétention ne se montreraient guère dif-ficiles en matière de clarté et de certitude, et l'on serait en droit de s'étonner qu'une logique si complai-sante, quand il s'agit des faits de l'ordre matériel, devienne tout à coup si rigoureuse dans la constatation des faits d'un autre domaine.

En bonne philosophie, un tel procédé ne saurait se justifier et par droit de bon sens, comme par droit d'expérience, l'on est obligé de reconnaître que le mystérieux ne tarde pas à entourer les pas de l'homme dans le champ de la science pour peu qu'il s'y aven-ture.

Les mathématiques elles-mêmes, cette science fière à bon droit des clartés qui l'illuminent, cette science qu'on dirait n'être qu'un travail de l'esprit agitant en tout sens ses propres données pour les féconder, et ne devant, ce semble, retrouver dans ses creusets que ce qu'elle y a mis, les mathématiques ne sont pas elles-mêmes étrangères au mystérieux. L'infini y a sa place; leurs axiomes fondamentaux sont de véritables actes de foi dont elles se dispensent de fournir la preuve. Il serait facile d'en citer des exemples.

Si donc un inconnu mystérieux qui ne tarde pas à s'ouvrir devant les investigations du savant, arrête incessamment sa marche, pourquoi tant de répugnance à admettre le surnaturel, cet autre genre de mystérieux exclusivement propre au domaine moral?

Ces deux genres de mystérieux sont-ils donc sans rapports l'un avec l'autre et une analogie dont il est impossible de ne pas être frappé, ne conduit-elle pas invinciblement du premier au deuxième?

Les faits du monde matériel sont régis par des lois immuables. La matière est inerte. Elle obéit. Elle est soumise à des lois tellement savantes et puissantes, que le doigt régulateur n'a pas besoin d'intervenir. L'infinie sagesse a été tellement présente à leur inauguration que tout se passe comme si cette sagesse n'était plus nécessaire au fonctionnement du mécanisme.

Il n'en est pas de même dans le monde moral. Les créatures qui le composent sont douées de liberté, partant de résistance au plan que Dieu s'est proposé. Il y a aussi des lois morales auxquelles Dieu a ouvert une action libre, mais ces passions, ces instincts bons ou mauvais, quelquefois militent dans le sens de Dieu et quelquefois leur résultante prend une direction inverse. Peut-on penser que dans ce cas, Dieu consente à laisser l'humanité rétrograder dans sa route ; qu'il laisse son bras inactif et ne se souvienne plus de ses plans et de son pouvoir ?

C'est alors que l'on voit surgir ces événements qu'on peut appeler à bon droit des faits surnaturels. Des déluges et des dispersions de peuples renouvellent les races corrompues ; des délivrances inespérées ont lieu en faveur de multitudes dépositaires de dogmes préservateurs ; des réformations éclatent à travers mille obstacles et sans aucun mot d'ordre apparent, des asiles s'ouvrent pour les proscrits, victimes de furieuses réactions qui épurent, en les raffermissant, les croyances persécutées : L'action providentielle a commencé ; le doigt de Dieu est là.

Qu'on se garde bien, du reste, de penser que ce genre de faits, résumés par les mots création, révélation, rédemption, miracles, soient dépourvus des bases scientifiques. Il suffirait d'approfondir un tant soit peu l'idée théorique de la certitude, pour reconnaître que ces bases existent. Quelle injustice ne serait-ce pas de confondre la certitude propre à une science avec celle que comporte une autre science ! Que de nuances, que de diversités sous ce rapport ! Le haut degré de probabilité qui prend le nom de certitude en politique, en esthétique, en géologie, en morale, en médecine, en histoire, en religion, n'est pas et ne doit pas être le même à beaucoup près pour chacune d'elles.

Est-ce à dire que quand il s'agit de faits surnaturels, on ne puisse pas arriver à la certitude? Nullement. Que l'on prenne plus de précautions, que l'on exige plus de garanties dans la preuve testimoniale, d'accord; mais enfin, ces faits ne sauraient sans injustice être soustraits de la classe à laquelle ils appartiennent, le domaine historique. Vrais ou faux, c'est à ce point de vue qu'il faut les apprécier; le témoignage est leur règle. Ils n'en doivent accepter aucune autre. Les déclarer impossibles ou contradictoires *a priori*, c'est agir comme ces hommes qui niaient avec une opiniâtreté si peu scientifique que la terre tourne ou que le sang circule; c'est oublier la maxime tutélaire : à chaque chose son genre spécial de démonstration; à chaque science sa certitude propre.

Vouloir donc la certitude mathématique pour les choses du domaine moral ou religieux, c'est tomber dans un étrange sophisme ; car, à ce compte, le médecin qui traite un malade n'est presque jamais mathématiquement sûr d'avoir parfaitement connu l'affection morbide qu'il guérit pourtant.

Dans les limites que nous venons de tracer, il est facile de voir que la démonstration apologétique de la religion possède une haute valeur, et que le surnaturel religieux repose sur des bases que la science peut avouer.

Comment, sans l'intervention de Dieu, donner une explication satisfaisante de l'étrange accord des prophéties avec les événements; de la diffusion et de l'établissement si improbable, disons mieux, si impossible, du christianisme entouré de tant d'obstacles et de passions haineuses. Qu'est-ce qui fit que les *choses faibles* purent *vaincre les fortes?* Comment cette misérable province de Nazareth, méprisée même du Juif, put-elle devenir la source de ces grands enseignements moraux et religieux qui font encore aujourd'hui l'admiration des grandes âmes, et que le monde ni grec, ni romain, ni ancien, ni moderne n'a jamais ni dépassés ni atteints, malgré d'indéniables progrès sur tant d'autres points? Sans le surnaturel, cette preuve interne de l'Évangile qui saisit avec tant de puissance les esprits délicats, cette naïveté, cette candeur, ces aveux, ces accents véridiques inimitables, ces mots qui s'illuminent d'une clarté soudaine à mesure qu'on les approfondit, rien de tout cela ne s'explique; tout cela devient des mirages et des chimères. Les consolations intimes qui en découlent dans les heures d'amertume, et les relèvements après les défaillances, chimères et mirages... sans doute aussi. Le surnaturel a presque toujours présidé aux grandes croyances que l'humanité a portées dans son sein. Le repousser, c'est donner un démenti à l'histoire. C'est ranger avec audace dans la catégorie des esprits malades, des hommes tels que Galilée, Kepler, Newton, Leïbnitz, Pascal, Boileau, Racine, Euler, Necker, Georges Cuvier, le captif de Sainte-Hélène, et tant d'autres qui dans les lettres, l'état, l'art et la science, sont les dignes continuateurs de ces grands génies.

Il faut, du reste, que j'en dépose ici le sincère aveu: Je ne fais pas un pas dans l'Observatoire qui ne réveille en moi la pensée des mystères naturels que chaque branche de la science y côtoie sans cesse; et je n'y fais pas une réflexion, non plus, qui ne se rattache de plus ou moins près aux mystères religieux. Ces derniers, comme les premiers, me semblent constituer deux zones ayant l'une avec l'autre de grandes analogies et un remarquable parallélisme.

Il est en effet des cas où le mystère et le miracle semblent se ranger dans le même domaine. Il y a pénétration des deux zones. Dans le passage d'une époque géologique à une autre, par exemple, il y a intervention évidente de Dieu qui crée de nouveaux êtres pour figurer sur cette nouvelle scène; il y a aussi mystère dans la cause, dans le mode, dans la durée, dans la loi de cette nouvelle formation.

Dans d'autres cas, la découverte inattendue d'une loi de la nature dégage plusieurs inconnues et restreint le domaine du mystérieux. Telle fut la découverte de la double circulation. Avant cette découverte, la fonction du cœur, de ses cavités, de ses valvules, la coloration du sang, sa nature, sa vivification dans le poumon, les gaz qu'il absorbe et ceux qu'il exhale étaient autant de mystères. La découverte d'Harvey, inondant de lumière toutes ces questions, recula les limites de l'inconnu.

Quelquefois des objections peu logiques tendent à jeter de la défaveur sur le surnaturel. Telle fut dans le dernier siècle, l'objection terrible que semblaient soulever contre la chronologie sacrée et la nouveauté de notre globe, les zodiaques égyptiens d'Esneh et de Denderah. Ces monuments, s'il eût fallu en croire les astronomes s'appuyant sur la précession des équinoxes, auraient remonté à des époques tellement éloignées, que la révélation eût été, par eux, gravement suspecte d'une grossière erreur. Il n'en était rien, cependant ; et une inscription - hiéroglyphique heureusement déchiffrée par la découverte d'un savant archéologue ramena forcément l'âge des zodiaques à l'époque de Néron. Moïse et le surnaturel qu'une fausse conclusion de la science avait voulu discréditer par des difficultés mal fondées, furent dès lors pleinement éclarcis et justifiés sur ce point.

On le voit, les deux domaines ont entre eux de grandes analogies ; ils se rapprochent, se désunissent, s'étendent, se restreignent, se confondent, selon l'état de la science et de la religion. Supposons la science en possession de toutes les vérités de la nature, le mystérieux n'existe plus. Supposons l'accomplissement religieux de toutes choses arrivé, le règne de Dieu établi ; la foi alors sera changée en vue ; l'amour infini de Dieu devenu sensible en toutes ses dispensations expliquera tout : ses sollicitudes, ses soins, ses miracles apparaîtront chose ordinaire, régulière ; nous ne verrons plus comme *à travers un verre obscur ;* nous connaîtrons et Dieu et la science *comme nous aurons été connus.* Ce que notré ignorance appelait le surnaturel ne sera plus que le naturel, parce que l'amour de Dieu nous aura été *pleinement manifesté.*

VIII

LA LUNETTE ASTRONOMIQUE

> Ce tube merveilleux, fils brillant du hasard,
> Dans les cieux inconnus allongeant son regard.
>   (CHÊNEDOLLÉ.)

ALFRED. — Maman, dis-moi quel est ce gros tube? Il est monté sur une espèce d'affût qui le fait ressembler à cette longue couleuvrine que nous vîmes à Toulon. Il semble qu'on peut le braquer du côté qu'on veut. Je parierais que c'est une lunette d'approche.

SUSANNE. — Ce doit être ce que tu dis; car il ressemble extrêmement à ce que nous vîmes sur la place Vendôme, plus qu'à la couleuvrine qui n'était qu'un long canon; celui-ci ne tue pas les hommes, j'espère.

ALFRED. — Veux-tu répondre à ma question, bonne mère, ou bien j'appelle Augustin, qui n'est pas loin; il me le dira bien, lui, si c'est une lunette d'approche.

MADAME SUTTERVILLE. — Oui, c'en est une; mais au lieu de rapprocher les objets de quelques kilomètres, comme celle qu'on nous montra chez votre oncle, celle-ci les rapproche de plusieurs milliers, quelquefois même de plusieurs millions de kilomètres. On la nomme lunette astronomique. Si nous avions ici notre bienveillant secrétaire, que de choses il nous apprendrait sur ce bel instrument!

Un Employé, s'approchant. — Je suis envoyé par M. le Secrétaire, que des fonctions pressantes retiennent éloigné pour quelques instants. Agréez, madame, que je me mette à votre disposition.

Madame Sutterville. — Nous acceptons, monsieur, des bontés que vous nous offrez avec tant de politesse, et, pour les mettre à profit sur-le-champ, je prends la liberté de vous questionner sur cette lunette. Par quelle disposition intérieure peut-elle rapprocher les objets éloignés?

L'Employé. — Les objets paraissent plus rapprochés par l'effet du grossissement que leur donne une combinaison de verres à courbure convexe.

Hélène. — Montrez-nous, monsieur, la place de l'objectif et de l'oculaire?

L'Employé. — Le plus grand des deux, que vous voyez en haut du tube, et dont le diamètre a plus de vingt-cinq centimètres, c'est l'objectif. Quand les faisceaux lumineux, provenant d'un astre, atteignent ce verre et le traversent, ils s'infléchissent et se réfractent de manière à former, au delà de son foyer, une image amplifiée de l'image. Les rayons lumineux, que cette image fait vibrer à son tour, sont reçus sur un autre verre convexe placé à l'autre extrémité; c'est l'oculaire. Ce verre-là fait subir à l'image une nouvelle réfraction qui augmente son amplification pour l'œil placé derrière lui. Voilà, dans sa simplicité, le mécanisme de la lunette astronomique. Beaucoup de procédés accessoires sont accumulés dans cet instrument, pour concourir à ce résultat ou l'augmenter.

Augustin. — Voudriez-vous nous dire, monsieur, quelques-uns de ces procédés?

L'Employé. — Veuillez regarder ce petit disque de bois que je tiens; il est percé d'un trou dans son milieu; il y en a de pareils dans toutes les lunettes; on les nomme diaphragmes. Ils interceptent toute lumière dont le faisceau n'est pas parallèle à l'axe de l'instrument.

A ce moyen, pour supprimer les rayons diffus, on en joint un autre; c'est de peindre en noir très-foncé l'intérieur du tube. Vous savez que cette teinte absorbe les rayons lumineux, comme elle absorbe également des rayons calorifiques.

Susanne, voulant prendre la parole. — Monsieur... Finis donc, Alfred! Tu ne m'empêcheras pas de parler, peut-être... Tout à côté de la lunette, il y a un grand anneau... avec plusieurs fils qui se croisent; ils sont si fins, que j'ai de la peine à les distinguer... Ayez la bonté de me dire à quoi cela peut servir?

L'Employé. — Le réticule? C'est le nom, mademoiselle, qu'on a donné à ce cercle et aux fils qu'il porte, au nombre de sept, disposés en croix, sur son milieu. Ils sont, en effet, extrêmement fins. Chaque lunette astronomique a son réticule, surtout les lunettes méridiennes. Cet accessoire est indispensable à la précision.

Hélène. — Peut-on, au milieu d'un grand tube obscur (car je suppose que c'est là qu'on fixe le réticule), apercevoir ces fils si déliés?

L'Employé. — On les éclaire : tantôt c'est la lumière

d'une lampe qu'on fait arriver sur le réticule, par un canal pratiqué dans l'axe du pivot de la lunette ; tantôt on fait passer un courant électrique à travers l'anneau, et les fils, devenus brillants, sont très-facilement aperçus par l'observateur.

Augustin. — Que de perfectionnements accumulés !

L'Employé. — Ils ne sont pas tous là. Remarquez-vous cette augmentation d'épaisseur vers le milieu du tube ?

Augustin. — Oui, monsieur, je présume que c'est pour obtenir plus de solidité...

L'Employé. — Et de rigidité... Tout corps très-pesant et de forme allongée, qui est suspendu par son centre de gravité, fléchit toujours plus ou moins ; ses extrémités s'abaissent. Dans les vergues d'un navire, cette légère flexion a peu d'inconvénients ; mais qu'elle en a de graves dans le cylindre creux de la lunette !

Alfred. — Je ne comprends pas bien pourquoi ils sont plus graves dans un cas que dans un autre.

L'Employé. — Pour le comprendre, il faudrait savoir que l'axe optique des verres, c'est-à-dire la ligne idéale qui joint leurs centres et leurs foyers, doit être une ligne droite, car la lumière va droit à son but. Or, la flexion d'un si long tube peut produire une courbe qui interceptera la marche du rayon lumineux, ou du moins dérangera les rapports entre les foyers et les centres des verres. D'où la nécessité de rendre extrêmement inflexible le milieu des tubes astronomiques. De là aussi ce renflement que vous avez remarqué.

L'Institutrice. — N'a-t-on pas aussi obtenu dans les

lunettes des pouvoirs amplifiants supérieurs à ceux d'autrefois?

L'Employé. — Cela est très-certain. A mesure que l'art des verriers s'est développé, nos usines ont pu fabriquer des objectifs de grande dimension; ce qui est plus précieux encore, ces verres ont offert une transparence plus parfaite. Les lunettes astronomiques ont fait, sous ce rapport, d'immenses profits. L'invention des verres achromatiques, en délivrant les lunettes de leurs colorations irisées, a mis le couronnement à l'édifice de ce progrès.

L'Institutrice. — Les progrès me réjouissent; mais ne serait-il pas à désirer que l'on s'occupât aussi du progrès des mœurs?

Augustin. — A voir les ambitions cupides pulluler, le luxe effronté s'étaler, les spéculations aventureuses se multiplier, il n'est pas à croire que le progrès moral soit proche, lui, de recevoir son couronnement.

L'Employé. — J'aperçois M. le secrétaire du directeur à l'autre bout de la salle. Il se rend auprès de vous. Ici se termine la mission dont il m'avait honoré... Je vous salue humblement.

Tous. — Merci, monsieur, de vos aimables explications.

Le Secrétaire. — Je suis heureux, madame, que quelques instants de loisir me permettent de reprendre auprès de vous et de votre famille une fonction que j'avais à cœur de bien remplir, et que je n'ai interrompue qu'à mon corps défendant. Reprenons-la sans retard; le temps fuit. Vous en étiez, je crois, à l'examen de cette lunette de M. Cauchois.

MADAME SUTTERVILLE. — En votre absence, vos bontés nous suivaient. La gratitude de ma famille et la mienne n'ont qu'une manière de s'attester, c'est de profiter vite de vos obligeantes explications. Cet instrument, en effet, nous arrête depuis quelques moments. Tu voulais, je crois, Hélène, demander quelque chose à monsieur?

HÉLÈNE. — On fait tant de bruit, depuis quelque temps, contre la religion, des découvertes récentes de l'astronomie, et on en fait porter si complétement la responsabilité sur les télescopes et les grandes lunettes, que j'ai quelques questions à éclaircir. Monsieur voudra bien... j'espère...

LE SECRÉTAIRE. — Habituez-vous, mademoiselle, à me tout dire sans crainte.

HÉLÈNE. — Eh bien! je voudrais bien savoir quelles sont les découvertes dues aux télescopes et aux lunettes astronomiques qui ont porté à l'Évangile ces coups terribles dont les savants incrédules prétendent qu'il ne pourra pas se relever.

LE SECRÉTAIRE. — J'atteste ne connaître aucune découverte, ni ancienne, ni moderne, qui puisse justifier cette assertion.

HÉLÈNE. — Je suis heureuse, et tu dois l'être aussi, bonne mère, et mademoiselle également, de ce que M. le secrétaire vient de dire, lui de qui la parole a du poids. Tenez, par exemple, la lunette astronomique a démontré, par la marche parfois rétrograde de certaines planètes, qu'il faut nécessairement que le globe terrestre circule dans l'espace autour du soleil, et la religion révélée, ajoutait-on, prétend que la terre est immobile au centre ; ainsi, toujours d'après les partisans de ce système, le télescope a fait la guerre à la religion.

Augustin. — Et... ce raisonnement te paraît juste... Hélène ?

Hélène. — Non, car la religion révélée ne dit nullement ce que ses défenseurs prétendus lui ont fait dire. Si quelque part la révélation eût dit : la terre ne se meut pas, alors la découverte de sa révolution dans une immense orbite eût donné un démenti à la religion ; mais, j'ai lu ma chère Bible... je n'y ai jamais vu cette déclaration : la terre ne se meut pas. C'est une attaque injuste. Voudriez-vous, à votre tour, monsieur, me dire ce que vous pensez de l'attaque des incrédules au sujet de Josué et du soleil arrêté à sa voix ?

Le Secrétaire. — L'attaque est absurde. Nous parlons tous, même à l'Observatoire, le langage des apparences. Le soleil s'est levé ce matin dans des nuages d'un rose vif, m'a dit tout à l'heure M. Le Verrier en passant, qu'on veille aux variations des baromètres. Le soleil parcourt l'écliptique ; voilà ce que j'ai affirmé dans ma conférence d'avant-hier. Qui m'eût démenti eût eu beau jeu. Josué ne pouvait pas parler un autre langage, sans être inintelligible et ridicule.

Augustin. — Ce que vous dites là est parfaitement évident, mais la lunette astronomique a concouru à d'autres découvertes encore. Il en est parmi elles qu'on prétend directement contraires aux vérités religieuses. Ainsi les atmosphères qu'on voit entourer plusieurs planètes, les nuages dont on aperçoit les longues files dans Saturne et Jupiter, la variété des saisons qui se dessine en coupoles neigeuses, grandes ou petites, selon qu'on est en hiver ou en été, dans les hémisphères de Mars ou de Vénus, tout cela ne rend-il pas probables des habitants, dans des demeures ayant tant d'analogie avec la nôtre? Dans cette pluralité des mondes, à peu près admise aujourd'hui par les savants, n'y a-t-il pas une opposition manifeste avec le principe religieux d'un monde unique, celui dont nous faisons partie, sorti des mains de Dieu, protégé par sa providence, et racheté par le sacrifice du fils unique de Dieu.

L'Institutrice. — Pour qu'il y eut opposition, il faudrait que la religion eût affirmé le contraire. A-t-elle affirmé qu'il n'y a point d'atmosphère dans Saturne et Jupiter; point de pôles glacés et d'équateurs brûlants dans Mars et Vénus; a-t-elle affirmé qu'il n'y a point d'autre monde que le nôtre; que s'il y en a, Dieu ne les point protégés, aimés, instruits et rachetés de leurs péchés, s'ils ont eu besoin comme nous de conversion et de rachat. Si la religion n'a affirmé rien de tout cela, alors qu'on cesse de l'accuser d'opposition avec la science : cette conclusion est d'une rigueur mathématique.

Augustin. — Le coup le plus terrible, au gré de la philosophie matérialiste, que la lunette astronomique ait porté à la religion révélée, c'est d'avoir pénétré si avant dans les profondeurs du ciel, qu'elle y a découvert, en nombre infini, de petits amas de matière cosmique lumineuse, qui, sous un aspect laiteux et phosphorescent quand ils ne sont étudiés qu'avec des lunettes ordinaires, se résolvent, quand des instruments plus puissants les pénètrent, en millions et en milliards de vrais soleils. Ces soleils ne peuvent être séparés les uns des autres que par des distances énormes ; ils sont très-probablement escortés, s'il faut en juger par le nôtre, d'essaims de planètes, escortées elles-mêmes, à leur tour, chacune de ses satellites : ce point de vue, pris du fond de la lunette astronomique, élargit immensément le ciel ancien ; il rend, comparativement insignifiante, la demeure de l'homme et l'homme lui-même. L'école matérialiste a déduit de là son corollaire favori, que la science a détrôné la religion.

Le Secrétaire. — Sans se préoccuper de ces amas phosphorescents, et de cette infinité de voies lactées que la voûte du ciel entraîne avec elle, parce que son affaire n'est pas là, la révélation est loin d'en nier l'existence. Elle accepte pleinement toutes les découvertes constatées que les télescopes futurs iront saisir au fond des cieux les plus lointains ; sûre qu'elle est de demeurer toujours tête de colonne de l'humanité en marche, à quelque degré d'évolution et de progrès que cette humanité arrive ; car, là encore, il y aura des soupirs et des regrets, et des vides et des luttes, et des affections trompées, et des réparations fictives ; besoins moraux et religieux de tout ordre que les civilisations les plus avancées ne font souvent qu'aiguiser, loin de les contenter. A la religion seule appartient et appartiendra toujours le privilége de subvenir à ces besoins. Les instruments qu'inventera ou que perfectionnera le génie humain ajouteront des découvertes à la masse déjà conquise. La religion y applaudira même, à la condition que l'ivresse de l'orgueil ne vienne pas s'y mêler.

Alfred. — Ainsi, il n'y a, d'après cela, aucune opposition entre les découvertes qui sont sorties de cette lunette et la religion. Voilà un point réglé. Avouez pourtant, messieurs, que ne plus occuper qu'une position insignifiante dans l'univers, parce qu'il a plu à cette grosse et indiscrète lorgnette de commérer et de révéler ce qui se passe si loin de nous..., c'est assez vexant.

Augustin. — Pour la vanité et l'orgueil, oui; pour la piété, non. D'ailleurs, Dieu n'est pas amoindri, bien s'en faut. Oh! qu'il se montre à mon cœur grand et puissant dans cet immense monde qu'il créa ! Et qu'il se montre aussi, malgré ce luxe de grandeur, miséricordieux et tendre pour cette lointaine et imperceptible terre qu'il racheta.

Madame Sutterville, s'adressant au secrétaire :

— Monsieur, je serais si heureuse d'apprendre que tout le monde est croyant dans cette enceinte et adore le créateur d'œuvres si belles.

Le Secrétaire. — Nous sommes croyants quand la grâce de Dieu l'a voulu. Dieu l'a voulu pour moi; à lui la gloire. Il m'a appris à le voir dans sa splendide création. Un temps fut où je ne voyais rien. Vous savez, vous, madame, quel est celui par qui seul on vient au Père. Je ne suis pas le seul ici de qui son amour ait ouvert les yeux. Gloire encore à Dieu ! Souffrez, madame, que je n'aille pas plus loin.

Madame Sutterville. — C'est assez, monsieur, merci ! Merci de ce que vous m'avez dit et de ce que vous m'avez tu ! Se tournant vers ses enfants : Chers amis, vous l'avez vu : *les œuvres de Dieu sont en grand nombre ; il les a toutes faites avec sagesse.*

L'Institutrice. — Nous venons d'avoir une bonne journée, car, à l'occasion de ce télescope, les objections se sont retournées contre les adversaires de la vérité. La lunette astronomique est devenue un argument favorable, et la science a été comme une seconde édition de l'Évangile.

Susanne. — *Les perfections invisibles de Dieu, sa puissance éternelle et sa divinité se sont montrées comme à l'œil, quand nous avons considéré ses ouvrages.* Saint Paul a eu raison.

Hélène. — La seconde édition de l'Évangile, comme vous avez appelé la science, n'est ni si claire, ni si complète, ni d'un style aussi tendre et aussi doux que la première. Pour comprendre cette seconde édition, il faut que la première nous ait ouvert le cœur.

L'Institutrice. — Je vous aime, Hélène, pour la pensée que vous venez d'exprimer.

Madame Sutterville. — Ma fille, viens dans mes bras. Tu es mon enfant !

IX

UN DISQUE DE VERRE FONDU

> ... Le cristal qui rapproche les mondes,
> Perce du vaste éther les distances profondes,
> Et porte le regard dans l'infini perdu,
> Jusqu'où l'œil du calcul recule, confondu.
> (LAMARTINE, *Harmonies.*)

Susanne et Alfred, dans l'accès de leur curiosité n'attendaient pas la fin des explications de leur guide. Ils jetaient à droite, à gauche, des regards explorateurs; ils s'approchaient des objets nouveaux qui frappaient leur vue, sans cependant se trop écarter du groupe qui protégeait leur présence en cet endroit; toujours prêts à demander de nouvelles explications qu'ils n'écouteraient pas plus que les précédentes. L'enfance et l'adolescence sont ainsi faites.

— Vois donc..., vois donc..., dit Alfred à sa jeune sœur... Là..., ce gros morceau arrondi de verre ou de cristal, d'un blanc jaunâtre. On dirait une roue de voiture; comprends-tu, Susanne, ce que ce peut être?

SUSANNE. — Je tourmente mon imagination à le deviner. Inutile !...

ALFRED. — Regarde cette tringle qui le retient fixé contre le mur.... Vois ce garde municipal en sentinelle à côté... Il faut que ce soit quelque chose de précieux. Approchons. Maman n'est pas loin. Elle voudra, je suppose, voir cela. En attendant, nous lirons ce qui est écrit sur ce carton attaché au-dessus.

Susanne. — Un moment... Laisse-moi prendre mon carnet et mon crayon. Tu liras ce qui est écrit ; j'écrirai sous ta dictée... Me voilà prête... Lis.

Alfred, lisant. — Disque de verre pour servir d'objectif à un grand télescope, d'après l'invention de M. Léon Foucault, — fondu aux verreries de Saint-Gobain. Diamètre, $1^m,25$; épaisseur, $0^m,25$; poids, 760 kilogrammes. — As-tu écrit?

Susanne. — Tiens, vois.

Alfred. — C'est bien ça. — Dis-moi ? On ne fait pas garder ainsi les autres instruments. Il doit y avoir quelque mystère là-dessous.

Susanne. — Un mystère !... Il faut tâcher de le découvrir... Voici M. le secrétaire qui se rapproche avec maman. — Tu m'aideras à questionner... n'est-ce pas ?

Le Secrétaire. — Vous examinez là un objet précieux, mes chers amis, et peut-être n'en connaissez-vous pas parfaitement l'emploi.

Madame Sutterville. — Votre complaisance va, je l'espère, nous en instruire.

Le Secrétaire. — C'est un futur miroir réflecteur destiné à l'un des nouveaux instruments inventés par M. Léon Foucault, le télescope qui porte déjà son nom. Aucun bloc de verre fondu n'a, jusqu'à aujourd'hui, offert de telles dimensions, ni un pareil degré de transparence et de pureté. C'est le chef-d'œuvre de l'usine de Saint-Gobain.

Augustin. — J'ai eu occasion de voir des objectifs chez l'un de mes professeurs ; presque tous renfermaient dans leur masse des raies et des bulles qui devaient nuire à leur parfaite transparence ; ici, rien de pareil.

Le Secrétaire. — C'est ce qui rend ce flint-glass précieux ; il a fallu des soins extrêmes pour le produire tel que vous le voyez. Autrefois, nos usines étaient loin de cette perfection. Nos opticiens et nos astronomes se pourvoyaient en Angleterre. Aujourd'hui, grâce aux progrès accomplis chez nous dans tous les arts, grâce à l'habileté de nos principaux artistes, loin d'être les tributaires des fabriques du dehors, c'est chez nous que les étrangers viennent se pourvoir. C'est surtout vrai pour ce qui concerne la verrerie optique et astronomique ; ce bel échantillon en est la preuve.

L'Institutrice. — Permettez-moi, monsieur, une question, une seule.

Le Secrétaire. — Je serai heureux d'y répondre.

L'Institutrice. — A quelle cause peut-on attribuer cette difficulté que vous avez signalée dans la production des verres d'optique réunissant les conditions de la supériorité ?

Le Secrétaire. — Vous avez compris, mademoiselle, que la difficulté principale n'est pas dans la fusion des matériaux, mais dans leur choix et dans leur dosage, d'où procède la parfaite diaphanéité des lentilles. Il y avait sur ce point de profondes études à faire ; on les a faites ; les causes d'infériorité ont disparu.

Alfred. — C'est très-heureux, et je m'en réjouis...

Le Secrétaire. — C'est heureux pour la science plus

qu'on ne le croit probablement. L'astronomie est exigeante sous ce rapport ; elle doit l'être, car il lui faut, pour asseoir ses calculs, des images lumineuses et bien tranchées. Servez-vous de verres défectueux, mal polis, ou remplis de petites bulles, ou peu transparents, plus de netteté, plus de clarté, la lumière dévie, l'image devient confuse, la précision souffre, et sans précision, quels progrès en science aura-t-on obtenus ?

Madame Sutterville. — Ce grand disque de verre ne sera donc pas employé tel qu'il est ?

Le Secrétaire. — Votre question, madame, est déjà une réponse. Il exigera encore un long travail ; il faudra creuser sa face supérieure d'après des courbes géométriques savamment calculées ; il faudra ensuite le polir parfaitement. Enfin, par des procédés électro-chimiques, on déposera sur sa surface une couche d'argent qui devra être polie aussi ; alors seulement il sera prêt à occuper la place qui lui est destinée au fond de son tube énorme, car ce tube n'aura pas moins de 8 ou 9 mètres de longueur, sur $1^m,30$ d'épaisseur.

Hélène. — Au fond !... c'est au fond que vous avez dit... monsieur ? Veuillez m'expliquer pourquoi au fond... ? J'avais compris que les verres objectifs étaient placés du côté des objets.

Le Secrétaire. — C'est parfaitement vrai, dans les lunettes astronomiques ; mais dans un télescope proprement dit, c'est différent. Ce disque, une fois taillé, poli, argenté, ne sera plus qu'un miroir très-grossissant et très-resplendissant. Il réfléchira les astres placés devant lui ; il en renverra les images du côté opposé, vers l'autre bout. Sa place est donc au fond. C'est vers l'extrémité supérieure qu'un second miroir, beaucoup plus petit, placé obliquement, s'emparant des images, les transmettra à l'oculaire où elles subiront un dernier grossissement.

Augustin. — Mais l'astronome, où sera-t-il placé? Car, en définitive, il est nécessaire qu'il puisse voir, lui, et bien voir.

Le Secrétaire. — Ah ! sa place, il faut l'avouer, ne sera pas des plus commodes. Il ne verra que par le côté. Ce sera fatigant; et il faudra de plus, quelquefois, pendant des nuits entières, qu'il se tienne hissé sur une échelle à ses risques et périls. On a imaginé d'autres dispositions qui offrent d'autres inconvénients et qui ne sont pas moins incommodes que celles-ci.

L'Institutrice. — Le zèle scientifique fait tout supporter; la science dédommage si bien de ce que l'on souffre pour elle, que ses amis tiennent très-peu de compte des périls et des incommodités.

Augustin. — Mon professeur m'a cité même des savants qui ont été les martyrs de la science. Sans hésiter, Linné s'engage dans les régions glacées de la Laponie, pour en connaître la flore. Arago, chargé par le bureau des longitudes de continuer la méridienne de France jusqu'aux îles Baléares, couche sous des tentes par un froid très-vif, brave les fureurs d'un peuple irrité, est emprisonné, risque sa vie, n'échappe que par miracle.

Hélène. — N'oublions pas ce vénérable Livingstone, à la fois grand voyageur et grand missionnaire. L'Afrique centrale, malgré les horribles dangers que font courir aux voyageurs ses populations cannibales, s'est ouverte devant les pas courageux de Livingstone.

ALFRED. — J'en connais plusieurs de ces martyrs, moi. Christophe Colomb, je pense, peut être mis sur cette liste, lui qui donna un monde à la géographie, au commerce et qui mourut en prison. — Bonne mère, dis, ce brave de Saussure qui, pour escalader le mont Blanc, fit tant de tentatives, n'était-il pas une sorte de martyr?

MADAME SUTTERVILLE. — Il fit preuve du moins d'un héroïque courage.

HÉLÈNE. — Quand la cause servie est une cause juste et noble, tous les dévouements sont beaux. Mais, à ce compte-là, que faudra-t-il penser des martyrs de l'Évangile?

ALFRED. — Ceux-là, je les admire et les aime plus que tous les autres.

AUGUSTIN. — Leur témoignage a toutes les certitudes. Je crois, comme Pascal, à des témoins qui se font égorger; mais perdons un peu de vue les martyrs pour revenir à ce disque de verre qu'il faut enfin quitter, et, pour applaudir de loin aux fatigues, aux périls des braves ouvriers qui l'ont fondu. Ils ont servi à leur manière le pays et le progrès.

MADAME SUTTERVILLE. — Chaque fois qu'on me cite un progrès, on soulève dans ma pensée deux questions. Quelle est l'utilité matérielle de ce progrès? première question. Deuxième question : quelle est son utilité morale? Que penser de ce disque de flint-glass?

HÉLÈNE. — Sur la première question, voici l'horoscope que je tire : ce disque probablement fera découvrir de nouvelles planètes; il dévoilera un peu plus tôt quelques comètes dans la partie éloignée de leur trajectoire; il manifestera les composantes de quelques étoiles fixes; il déterminera leurs temps périodiques; il résoudra en soleils distincts quelques-unes de ces nébuleuses qu'on taxe, peut-être un peu témérairement, d'être des mondes en éclosion.

Augustin. — L'horoscope d'Hélène, sous le rapport matériel, donne à penser que ce verre est un progrès. Sous le rapport moral, maintenant, est-il un progrès? Se tournant vers l'institutrice. Mademoiselle, nous attendons votre verdict.

L'Institutrice. — Je préfère écouter celui que vous allez porter vous-même.

Augustin. — Voici l'horoscope : Il ne nuira pas à la religion. Car ses découvertes, en faisant paraître l'œuvre plus immense, glorifieront davantage l'ouvrier suprême; en montrant que cette matière lumineuse cosmique est composée de soleils distincts, il aidera à la réfutation d'une célèbre hypothèse, d'après laquelle l'univers n'avait pas eu besoin de Dieu pour se former; par là, il fera voir que la science et la religion ne sont pas hostiles, et, dissipant le malentendu qui depuis trop longtemps les tient divisées, il contribuera à leur réconciliation, sans qu'aucune d'elles perde de sa dignité, toujours probablement.

Madame Sutterville. — Avec ces sages réserves, je suis, moi aussi, forcée de proclamer que ce beau disque de flint-glass est un progrès.

X

GRANDEUR ET DÉCADENCE D'UN GNOMON

> Ce que c'est que la gloire !
> (Victor Hugo, *Voyages en Suisse.*)
> Omnis caro fœnum.
> (I Petri epistola, i. 24.)

A l'époque où florissait l'école d'architecture de laquelle sont sortis le Louvre et l'Observatoire, on avait généralement la manie d'exagérer l'ampleur et l'élévation des monuments. Que de fois l'on s'est imaginé faire du beau en faisant du grand ! Je ne veux certes pas dénigrer ici la superbe colonnade du Louvre ; trop d'admirateurs de ses proportions grandioses et trop d'artistes me prendraient à partie. Qu'ils ne s'avisent pas cependant d'apporter leur admiration en face de son objet dans un de ces jours, où remplissant la vaste enceinte, la foule a envahi ses galeries, et apparaît à toutes ses fenêtres. Que voyez-vous derrière ces colones? Sont-ce des Français, ou des Lapons? Ne voyez-vous pas que l'édifice écrase l'homme ; et pouvez-vous ne pas penser qu'il faudrait une autre population que celle de Paris pour s'accouder sur ces balustres, atteindre à ces fenêtres et circuler derrière ces pilastres !

On peut en dire autant de l'Observatoire. L'abus des vastes proportions s'y fait sentir. Louis XIV, on le sait, sur la proposition de son·ministre Colbert, en ordonna l'érection en 1667, d'après les plans de son architecte Claude Perrault. Infatué de son talent, plus encore de son ascendant sur l'esprit du roi, Perrault refusa d'écouter les conseils des astronomes; il se mit à bâtir, après avoir pris les orientations des principaux murs.

Il avait cependant oublié une chose, ou ne l'avait pas sue : c'est que les astres s'observent très-bien d'un lieu bas, pourvu que ce lieu soit dégagé d'obstacles ; qu'au contraire on les observe très-mal du haut d'un monument à plusieurs étages. Et pourquoi cela ? Parce que dans ce cas, le monument lui-même dérobe aux yeux une partie considérable du ciel ; parce que surtout, une vibration inévitable a lieu dans les édifices élevés, laquelle fait danser et sautiller les images des astres dans le champ visuel des instruments.

Croirait-on que presque jamais on n'a pu faire de bonnes observations du haut des plates-formes, et s'imaginerait-on combien cela décourage les observateurs? Au reste, c'est sur ce motif qu'à plus d'une reprise on a mis en question la démolition d'un édifice qui a coûté deux millions de francs. S'il a échappé, du moins en partie, à ce désastre, il ne le doit qu'aux souvenirs qu'il rappelle. Mais pour que cette grande construction pût servir à quelque chose, que de réparations n'a-t-il pas fallu ! Une annexe à un seul étage a dû y être ajoutée avec des coupures verticales qu'on n'eût jamais osé pratiquer dans les murs et au travers des voûtes du vieil édifice. Ce sont les deux pièces de cette annexe, et la terrasse sur laquelle on pousse au moyen de roulettes les instruments mobiles, qui constituent l'Observatoire proprement dit.

Un préjugé va rarement seul, et sous ce rapport, les constructeurs avaient cumulé ; car on croyait à cette époque qu'un gnomon, c'est-à-dire une grande horloge solaire, était d'une nécessité absolue dans un Observatoire.

Pour en construire un qui fût digne d'un tel règne, on s'évertua. La plus belle salle, au second étage, fut décorée dans ce but ; les marbres les plus beaux, les dorures les plus riches furent prodigués. Pour orienter la ligne méridienne, pour y joindre la courbe des temps moyens, pour pratiquer dans la voûte l'ouverture nécessaire, tous les soins furent pris. Deux des illustres Cassini y mirent la main, c'est tout dire.

Bientôt, tout ce que Paris avait d'hommes savants, de littérateurs distingués, de femmes spirituelles et élégantes crut devoir faire sa visite au gnomon : il eut la vogue. On l'étudiait, on faisait des observations auprès de lui ; avoir compris le tracé de la ligne qui marque l'équation du temps, et les signes zodiacaux sur lesquels l'ombre solaire est portée de mois en mois, étaient des points dont on tirait vanité. Le roi lui-même, s'il faut en croire des chroniques qui n'ont point été contestées, le grand roi... accompagné de ses plus intimes courtisans... le roi, que *sa grandeur n'attachait plus au rivage*... s'y rendit... et y revint à plusieurs reprises.

En fallait-il davantage pour mettre l'instrument en

complète faveur auprès du public des *gens comme il faut*. Ce fut l'apogée de sa grandeur.

Hélas! cet engouement pour une horloge solaire dura peu. Une campagne sur le Rhin, une nouvelle pièce de Molière ou de Racine, un changement de favorite firent pâlir passablement son étoile.

Il restait au gnomon, pour se consoler, l'assiduité des savants, laquelle avait bien son prix.

O désappointement! ô fuite des plus chères illusions! la science elle-même découvre un tort dans son gnomon favori... Il faut que Cassini fils rectifie l'œuvre de Cassini père. Était-ce assez de disgrâces? Non; cette science qui marche toujours, qui toujours crie: En avant, en avant!... vient à découvrir que le gnomon n'est qu'un moyen inexact pour observer soit la déclinaison du soleil, soit ses passages au méridien du lieu; qu'une simple lunette fixée à un quart de cercle gradué, vaut infiniment mieux. Voici les lunettes méridiennes si exactes, si précises... Le dédain des gens du monde suit de près l'abandon des savants. La ruine est consommée; la chute est complète.

Le gnomon de l'Observatoire n'est plus aujourd'hui qu'un triste objet qui a fait son temps, une relique tombée en discrédit.

Si, de temps en temps, quelque curieux s'aventure dans les hautes régions de l'édifice monumental, s'il pénètre jusqu'à la salle autrefois si brillante où, poudreux et délaissé, gît le gnomon, sous l'encombrement des maints objets passés d'usage; si ce curieux s'arrête, regardant à ses pieds; s'il y découvre ces signes zodiacaux dédorés, jadis l'objet de tant d'étude et d'empressement, il se dira peut-être : Que signifient ces hiéroglyphes? C'est curieux, mais c'est voilé... pour moi. Il adressera peut-être la même question au garde municipal dont les pas retentissent dans le grand escalier, mais, n'obtenant point de réponse qui le satisfasse : Vieilles énigmes! dira-t-il peut-être. Bah! continuera-t-il en s'en allant : les déchiffre qui pourra.

Que le gnomon se console! la décadence après la grandeur ne lui est pas particulière. Que de gloires contemporaines de la sienne ont pâli, ont disparu! Que de gloires actuelles pâliront et disparaîtront à leur tour! Vingt-cinq ans pour chuter!... mais, c'est un millenium. Un an... c'est déjà une mesure acceptable pour qui demain sera peut-être le dernier jour. *Omnis caro tanquam fœnum et omnis gloria ejus tanquam flos fœni... Exaruit fœnum, flos cecidit...* (I^a Epist. Petri, 1, 24.)

Toute chair est comme l'herbe, et toute sa gloire est comme la fleur de l'herbe. L'herbe est séchée, la fleur est tombée! (I Pierre, 1, 24.)

XI

L'ASSOCIATION SCIENTIFIQUE DE FRANCE

> Le travail en commun centuple le produit.
> (Un saint-simonien.)

Sous le titre de: *Effluves et rayonnements*, nous avons montré ailleurs l'Observatoire impérial comme ayant produit plusieurs œuvres d'une importance qu'on ne saurait méconnaître.

Sous le même chef nous avons à classer un nouveau produit : l'Association scientifique.

Ce fut un beau jour pour l'Observatoire impérial que le vendredi 3 juin 1865 ; car c'est ce jour-là que, pour la première fois, se réunit dans l'enceinte depuis assez longtemps silencieuse, un public choisi, nombreux, et parmi lequel on put compter, non plus seulement des hommes spécialement consacrés à la science, mais beaucoup d'autres personnes représentant l'administration, les corps législatifs, les lettres, les arts, le haut enseignement, et de nombreuses notabilités parmi lesquelles les dames ne firent pas défaut.

J'ai dit : ce fut un beau jour, car il fut un de ceux

qui marquèrent l'époque de la décentralisation scientifique. On put croire ce jour-là, en voyant ces portes ouvertes, ce public avide d'entrer dans le sanctuaire, en parcourir les salles, en gravir les hautes plates-formes, en examiner le savant mobilier, en critiquer à tort ou à raison l'installation et l'emploi, que quelque chose de nouveau s'accomplissait, qu'une révolution intellectuelle s'inaugurait et qu'une nouvelle impulsion allait être donnée à l'esprit scientifique de la masse nationale.

Jusqu'alors, en effet, l'astronomie et les sciences annexes avaient été le partage, j'allais dire le privilége exclusif, de quelques savants. Les mathématiciens étaient presque les seuls qui, avec les astronomes de profession et quelques rares amateurs, eussent un libre accès dans ce *sancta sanctorum* de la science des astres. De temps en temps, il est vrai, sous le directorat de M. Arago, des cours publics attiraient d'autres auditeurs, que la parole pittoresque et si puissamment vulgarisatrice du savant suspendait attentive à ses lèvres. Mais l'heure de la leçon écoulée, tout rentrait dans le silence habituel.

Depuis M. Arago, le système se modifia sensiblement ; peu de cours publics qui s'adressassent aux masses, peu de visiteurs qui fussent admis dans le sanctuaire ; on le conçoit. Le calcul différentiel et intégral, et l'analyse infinitésimale se concilient peu avec le bruit et l'indiscrète curiosité des visiteurs ; le caractère personnel de l'illustre successeur de M. Arago penchait plutôt à restreindre qu'à élargir la facilité de ces visites.

Voici maintenant que l'association scientifique conviait les multitudes à prendre leur part au banquet, jusqu'alors aristocratiquement limité. Il y eut affluence, car il y avait engouement. On faisait queue aux portes; on assiégeait les secrétaires pour se faire inscrire sur les listes d'associés, comme aux jours de nos premières représentations scéniques on se dispute les banquettes et les loges dans nos grands théâtres.

Il n'a pas fallu beaucoup de temps pour que la nouvelle fondation comptât plusieurs milliers d'associés.

Une phase nouvelle lui a été ouverte l'année dernière (1866). Les grandes cités du pays ont été invitées à se mettre dans ce mouvement. Avec quel zèle, Rouen, Metz, Marseille, Toulouse, Bordeaux ont répondu au généreux appel ! Numériquement par là décuplée, l'association, colonie de l'Observatoire, a décuplé ses moyens d'action, réalisant notre épigraphe saint-simonienne.

Le travail en commun centuple le produit.

On peut aujourd'hui la considérer comme une des institutions auxiliaire du progrès scientifique en France.

Rendons-nous un compte raisonné de ce qu'on peut attendre d'elle.

Pour cela, écartons d'abord comme calomnieux le jugement qu'ont osé formuler quelques esprits prévenus. L'association, selon eux, n'aurait eu d'autre but que d'ouvrir des souscriptions lucratives en flattant les amours-propres par ce moyen empirique de vieille date.

C'est mal connaître la haute position qu'occupe dans l'État le savant fondateur de l'association. C'est oublier la célébrité d'un nom que l'Europe savante et le monde civilisé entourent de leur vénération conquise par de hautes découvertes ; non, de tels hommes ne flétrissent pas leur dignité par leur descente à des procédés ignobles.

Après tout, avoir tenté par ce moyen d'éperonner la parcimonie avec laquelle certains services sont protégés par les distributeurs du budget ; avoir cherché à le faire sentir, pour obtenir un peu plus de largeur dans les allocations ; s'être souvenu du mot : *Opinione regina del mondo* ; en avoir exploité la vérité dans l'intérêt de la science qu'on aime ; quoi de plus pardonnable, quoi de plus légitime, quoi de plus beau même !

Quoi qu'il en soit, voici ce qui est sûr. L'un des premiers emplois des fonds recueillis par l'association a été de faire construire un très-beau et très-bon télescope à réflecteur de verre argenté d'après la découverte récente de M. Léon Foucault. En ordonnant cet emploi de ses fonds, l'association s'engagea à gratifier de ce télescope la cité de laquelle les édiles décréteraient les premiers la construction d'un Observatoire. Marseille ayant rempli cette condition obtint ce prix somptueux et le possède aujourd'hui.

Qu'à ce résultat déjà bien digne d'être salué d'applaudissements, on ajoute des encouragements, des médailles, des prix fondés pour de bonnes observations à la mer ou sur terre ; qu'on y ajoute encore des questionnaires fort bien dressés remis à tout marin et capitaine au long cours à son départ pour des mers éloignées. Beaucoup de faits bien établis sont la base de la vraie méthode scientifique. En encourager de la sorte la recherche, c'est préparer de nouvelles assises au monument que l'humanité construit.

Il faut, d'ailleurs, qu'on se dise bien une chose : les sociétés de ce genre ne sont pas fécondes dès le berceau. Leur fruit se fait quelquefois longtemps attendre, mais, enfin, il arrive à son heure. L'association scientifique n'eût-elle fait que poser, comme elle l'a fait, le beau problème des applications de la météorologie à l'agriculture, ce serait assez pour la recommander. De sa solution, il peut en effet sortir des conditions nouvelles pour la production agricole du pays ; et, s'il faut en croire les maîtres de la science, une augmentation considérable de richesse nationale en est étroitement dépendante.

Je ne veux ni ne puis approfondir davantage ce sujet, car on y effleure les futurs contingents, souvent fallacieux. Il ne peut s'agir que de probabilités ; si elles sont favorables, l'association est jugée.

Deux séances solennelles de l'association scientifique auxquelles il m'a été permis d'assister, m'ont laissé un vif et sérieux souvenir.

Dans l'une de ces séances, l'intérêt de l'assemblée fut excité au plus haut degré par le rapport que fit, sur la dernière éruption de l'Etna, M. Fouqué, jeune savant chargé par le gouvernement d'aller sur les lieux étudier l'imposant et terrible phénomène. De magnifiques photographies prises par M. Berthier, compagnon de voyage de M. Fouqué, représentant les accidents successifs de l'éruption, servaient à la fois de texte et d'éclaircissement à cette attrayante description. La vue de cette misérable hutte, construite en fragments de lave soutenus par des branchages de pins à si peu de distance d'un cratère de deux kilomètres d'ouverture, hutte où pendant trois mois entiers s'abrita, non sans d'imminents périls, l'intrépide observateur, exposé au froid, souvent à la faim, et quelquefois aux projectiles embrasés qu'éructaient,

(J'ai regret que ce mot soit trop vieux aujourd'hui),

(La Fontaine.)

les sept cratères, cette vue, dis-je, avec l'animation que lui donnait la lumière électrique, faisait frémir les auditeurs dont quelques-uns, plus susceptibles que les autres d'illusion, comparant les dates, voyant ce tableau vivant, croyaient assister à l'incident même dont l'éloquent narrateur avait risqué d'être le martyr.

Qu'on ne croie pas que la science pure eût quelque chose à perdre de la qualité pittoresque des tableaux ; non, car les réactions chimiques, d'une complication extrême, qu'offrent les volcans en activité furent, à leur tour, analysées par M. Fouqué avec précision et bonheur de forme. De la succession régulière des gaz exhalés par les bouches ignivomes, fluides sulfureux, chlorhydrique, enfin hydrocarbonique, il put déduire la formule encore un peu douteuse qui, si elle était confirmée par la science, pourrait un jour devenir la loi de ce mystérieux et incessant travail de la nature.

Ainsi, ni l'habileté de la mise en scène, ni la rigueur de la méthode scientifique ne laissèrent rien à désirer.

Dans la séance solennelle d'inauguration de l'association scientifique de France à Bordeaux, eurent lieu des conférences pleines aussi d'intérêt. J'en ai rapporté une dans le chapitre de cet essai, qui a pour titre *les Étoiles nébuleuses*. Qu'il me soit permis de déposer ici une simple mention d'un autre rapport qui excita les applaudissements réitérés du public.

Une étoile nouvelle, d'un magnifique éclat, avait fait, le 13 mai 1866, son apparition dans le ciel, et l'auteur de cette découverte, M. Courbebaisse, ingénieur en chef des ponts et chaussées à Rochefort, présent à la séance, s'était chargé de faire l'historique de cette bonne fortune. La vaste salle de la cour d'assises de Bordeaux fut transformée pendant cette soirée en amphithéâtre scientifique où s'entassa toute une population avide et enthousiaste. C'est là que le savant sénateur Le Verrier, qui présidait cette belle assemblée, put entrevoir les fruits de l'association scientifique de France dont la création lui appartient en propre.

Les œuvres de ce genre concourent à la transformation des mœurs publiques ; elles classent leurs promoteurs parmi les bienfaiteurs d'un pays.

Tout ce que l'on gagne, en effet, à pousser la jeunesse sortie des écoles, les classes industrielles, dans la voie de l'étude et dans la connaissance des beautés de la création, est autant de conquis sur les habitudes basses, sur les plaisirs de la rue, le billard, le cabaret, tout ce matérialisme pratique, — et sur cet affaissement des caractères, triste symptôme de l'une des maladies morales de notre siècle.

C'eût été une lacune dans l'accomplissement de notre tâche que d'avoir omis de placer l'association scientifique parmi l'un des plus heureux rayonnements de l'Observatoire impérial.

XII

LE NOUVEAU TÉLESCOPE DE M. LÉON FOUCAULT

OU LETTRE D'UNE JEUNE FILLE, REVUE, CORRIGÉE ET AUGMENTÉE

> Ne dixeris ea quæ invenimus esse nostra. Deus magister ex occulto acuit et excitat ingenia.
>
> (SENÈQUE, *de Beneficiis*.)
>
> Ne revendiquez pas trop haut la propriété de vos découvertes. C'est Dieu de qui l'enseignement intérieur a fécondé votre génie.
>
> (Traduction libre.)

Marchant à petits pas, la famille Sutterville continuait, plongée dans maintes réflexions, sa promenade scientifique et religieuse. Or, fortuitement, nous l'avons dit, c'était un jour solennel pour le monument qu'elle visitait. Des expériences et des essais curieux devaient être faits devant le public qui, convoqué par l'illustre et savant sénateur, directeur de l'Observatoire, allait dans quelques instants affluer dans la salle des conférences, et, dans sa curiosité passionnée, envahir de ses flots pressés, cours, terrasses, plateforme, salles et jardins.

Ces grandes cohues ne favorisent que médiocrement l'observateur sérieux. Dégageons-nous de ce tumulte si peu en accord avec ces sanctuaires de l'étude et du travail silencieux ; et, pour mieux voir dans ses moindres détails ce qui se passe dans cette enceinte, servons-nous d'un modeste mais très-fidèle tableau, je veux dire une lettre de notre jeune amie Susanne.

Depuis quelques mois, Susanne, Hélène et une de leurs amies de Paris, Sophie Verneuil, prenaient des leçons de cosmographie d'un vieux pasteur suisse, également versé dans les matières de la science et dans celles de la piété. Ce professeur, dans une de ses leçons, avait entretenu ses élèves de la découverte encore récente de M. Léon Foucault ; il leur en avait fait la description détaillée, et, fort amateur de ce genre de progrès, il leur avait montré dans ces inventions dont le Seigneur, de temps à autre, honore le génie humain, un moyen providentiel de civilisation.

Les progrès des sciences, leur avait dit cet excellent homme, mettent les nations en rapports mutuels plus intimes, favorisent l'expansion du christianisme sur tous les points de la terre. Il se trouve qu'en définitive la sainte cause de Jésus-Christ y a gagné.

En se séparant de Louise, obligée de suivre ses parents en Guienne, Susanne lui avait promis de lui communiquer ses meilleures impressions d'esprit comme aussi de lui conserver intacts ses plus affectueux sentiments. Les merveilles du télescope Foucault l'avaient si vivement frappée que le lendemain même du jour de leur visite, fidèle à la promesse faite à son amie, elle mettait à la poste la lettre dont nous nous permettons de mettre sous les yeux de nos lecteurs quelques fragments revus et corrigés par sa sœur aînée :

« Chère Louise,

« Tu n'es plus à Paris... Adieu nos causeries, nos promenades, nos jeux,... nos petites querelles où, quoi qu'on pût dire, nous étions si vite et si bien d'accord,... nos œillades qui nous attiraient tant de réprimandes ! Mais je me promets bien que tout cela recommencera un jour.

« En attendant, il faut que je dégage ma parole donnée... et que je te raconte tout ce que j'ai vu, dit et fait d'intéressant.

« Tu sauras donc que nous sommes allés, en famille, voir les merveilles que réunit ce gros vilain bâtiment, que tu désirais tant visiter, tu sais... en haut de l'avenue du Luxembourg. Caves, girouettes, statues, globes, instruments mystérieux... Je passe tout cela... Me voilà au télescope nouvellement inventé.

« Figure-toi que sur une table, au grand ébahissement de cent badauds, on argentait et polissait un morceau de verre épais et concave. C'était le futur miroir d'un futur télescope Foucault. Quelques minutes et ce fut fini. Ignorante que je suis, je trouvai cela tout simple !... On m'a dit pourtant que c'était fait au moyen de l'électricité. La pellicule d'argent appliquée resplendissait. Jamais ton miroir, chère amie, n'a réfléchi d'une manière plus lumineuse ton visage bien-aimé. On disait à mes côtés que c'est moins lourd, moins difficile à tailler, à polir, moins cher surtout, quoique plus grossissant que les anciens réflecteurs. O science, quels grands mots tu me fais dire !

« Tout à coup, avec grand fracas et à deux battants,

s'ouvre une porte vitrée donnant sur la terrasse. On s'y précipite. Une pesante machine figurant un tube à pans octogones était là, se mouvant dans tous les sens, avec agilité. Un petit monsieur brun dirigeait ces mouvements, et puis il expliquait. Et ce petit monsieur c'était M. Foucault, l'inventeur, rien que cela, ma chère ! Je me récuse pour te rapporter la moindre partie de ce qu'il a dit. Car mes yeux ont plus profité de tout cela que mon esprit. Ce que j'ai très-bien vu, c'est la célérité, la prestesse de manœuvre avec laquelle la colossale lorgnette se portait de tous côtés : le rapide éclair d'une étoile filante aurait pu être suivi.

« Autre miracle ! Une boîte en forme de carré long, grosse tout au plus comme mes deux mains, était pleine de ressorts, de balanciers, de rouages. Au signal du constructeur, une détente part, qui met en communication cette boîte avec le grand tube, et aussitôt celui-ci se met à se mouvoir lentement, lentement, sur son bâtis immobile. Et, figure-toi, si tu le peux, que par ce moyen les astres ont beau, en apparence, parcourir le ciel du levant au couchant, le télescope les suit, les tient au centre de son champ de vision, duquel ils sortiraient, sans cela, au bout de quelques secondes ; attendu que, vus dans les lunettes, leur vitesse est multipliée comme leur grosseur.

« Adieu ma très-chère Louise,
« Ta Susanne. »

Continuation et révision par Hélène.

« Et moi aussi, chère Louise, je me le suis promis à moi-même, de vous écrire après notre séparation.

Mon cœur, d'abord, et puis la prose de Susanne m'en font une obligation. Ne trouvez-vous pas, dites-moi, sa manière de traiter un si grave sujet quelque peu leste? Est-ce ainsi qu'on décrit un télescope? Sa description peut sembler pittoresque; pour sûr, elle n'est pas scientifique.

« Voyons si je réussirai à la rendre du moins plus exacte.

« Vous ne pouvez l'ignorer, une différence assez grande existe entre la lunette astronomique et le télescope. Dans la première, les dispositions des diverses lentilles, depuis l'objectif jusqu'à l'oculaire, sont telles que les rayons lumineux émanés de l'astre, ne doivent, pour arriver à l'œil et y former des images grossies, ne doivent, dis-je, subir que des réfractions. Dans le télescope, par une combinaison toute différente, un miroir concave principal reçoit au fond du tube ces mêmes pinceaux de lumière, les réfléchit vers l'ouverture où ils forment des images amplifiées, que l'oculaire recueille en les amplifiant encore, souvent après une seconde réflexion. N'admirez-vous pas, ma chère, avec moi, le génie de l'homme, qui dispose ainsi à son gré de la lumière, ce rapide et fougueux élément?

« Et voici le côté spécial et d'une grande utilité pratique de l'invention de M. Léon Foucault. Les anciens télescopes se composaient de miroirs en métal; matière lourde à manier, revêche à tailler, prompte à l'oxydation, difficile à polir, dispendieuse d'achat et d'entretien.

« Le nouveau télescope n'exige qu'un miroir de verre. Ce miroir n'est ni cher, ni lourd, ni aussi dur, ni aussi accessible à la rouille. Dérangé, il se répare sans trop de frais : autant d'avantages sur les anciens réflecteurs auxquels il est encore de beaucoup supérieur par la netteté et l'éclat lumineux des images.

« Ayant exprimé le désir d'appliquer mon œil à l'oculaire de l'instrument, j'en ai obtenu la permission, ainsi que mon frère Augustin. Oh ! que d'intéressants objets nous avons pu alors observer distinctement ! Les montagnes qui festonnent le disque de la lune ; les cirques et les cratères volcaniques qui donnent à sa surface exactement l'aspect des cartes topographiques de l'Auvergne ou des flancs de l'Etna ; ensuite ces étoiles doubles et triples si diversement et si richement colorées, en jaune, en bleu, en rose ; quels splendides couchers de soleil cela doit procurer aux habitants de ces mondes, s'il en existe ! J'ai pu entrevoir aussi plusieurs nébuleuses, ce mystère profond et inexpliqué.

« Ce n'était pas, je te l'assure, Louise, ni sans quelque fatigue, ni sans quelque péril, que, pour admirer toutes ces beautés du ciel, je me tenais perchée sur une échelle, et le corps incliné sur l'oculaire du télescope. N'y aurait-il pas de remède à cette incommode disposition ? Quand j'ai fait cette hardie demande, on m'a répondu que le nouvel instrument avait bien d'autres défauts encore. Lesquels ? ai-je dit (ô curiosité !) Il paraît que ce télescope n'est qu'un admirable investigateur de l'espace céleste. Il ne faut lui demander que ce qui entre dans son emploi. Les mesures d'angles, la précision, ne sont pas de sa compétence, à cause du manque de cercles divisés suffisamment grands. Commençant à me perdre dans ces hauteurs, j'ai borné là mes questions ; j'ai bien fait, n'est-ce pas? et je ferai bien également de terminer ici ma longue épître.

« Haïe! un post-scriptum m'arrive, de par l'autorité de ma vénérée mère! Il te faut le subir. J'écris sous sa dictée.

« La découverte de M. Léon Foucault fournit une réponse au système irréligieux de l'astronome la Place. Afin de mieux expulser Dieu de son œuvre, ce savant avait imaginé une hypothèse longtemps acceptée. Selon lui, les nébuleuses irrésolues, simples mais immenses flocons de matière cosmique, étaient des mondes en formation, des germes diffus, desquels, après une incubation de millions de siècles, le temps, la gravitation et la chaleur faisaient des terres, des lunes et des soleils. Cela allait tout seul ; *forcé et matière :* point de Dieu.

« Mais voici que les puissants réflecteurs de lord Ross et de Léon Foucault ont ébranlé ces explications athées ; ils ont dévoilé des soleils, et par milliers, dans ces groupes de l'aspect le plus nébuleux, le plus laiteux. Ce ne sont plus des mondes que le hasard couve. Le télescope les manifeste tout couvés et tout éclos. Par lui, l'on voit ce que l'éloignement nous cachait, et voilà tout. Ce progrès, comme bien d'autres, a suffi pour restaurer la souveraineté de Dieu sur son vaste empire. Ce que la fausse science avait cru abattre, la vraie science le relève tous les jours. Honneur à la vraie science !

« Affection dévouée à ma chère Louise,

« Veuve SUTTERVILLE. »

XIII

COUPOLE TOURNANTE ET PIED PARALLATIQUE

> Regarde tout autour de toi les choses mer-
> veilleuses du Dieu fort.
>
> (Job, xxvii 14.)

C'était probablement ce titre qui me faisait dire en moi-même avec un soupir : Quand est-ce qu'on verra le progrès moral et le sens du divin plus développés, aller de concert avec les déploiements scientifiques, et avec le progrès matériel dont notre époque s'enorgueillit à bon droit ?

Quoi qu'il en soit de l'accomplissement de ce vœu, il est sûr que l'Observatoire semble être fait pour unifier ces deux choses, désirables toutes les deux, et se servant si rarement d'escorte l'une à l'autre, malgré le sage conseil du fabuliste :

Que le bon soit toujours camarade du beau.

Pour en venir donc au sujet sans autre préambule, que diriez-vous, chers lecteurs, si l'on venait vous annoncer que le dôme des Invalides ou la coupole du Panthéon tournent sur leur axe ? Vous n'examineriez pas même la possibilité du fait, vous le traiteriez tout haut de fable, vous ririez au nez du mystificateur, et s'il insistait, vous lui tourneriez le dos avec mépris.

Ne vous hâtez pas trop cependant de rire de ce que je m'en vais vous annoncer, savoir : que sur ces tours majestueuses de l'Observatoire, il y a des dômes tournants, de vastes coupoles rotatives. Leur volume et leur élévation sont loin à la vérité de ceux du dôme du Panthéon ou de celui de l'hôtel des Invalides ; ils sont assez considérables néanmoins pour exciter l'étonnement ; ils méritent d'être visités. A l'égal des autres beaux monuments de Paris, leur structure hardie commande l'admiration.

Les détails qui suivent ont pour but de faire comprendre le moyen, par lequel on fait ainsi pirouetter ces grandes masses qui sont de vrais chefs-d'œuvre de serrurerie. Ils rendront compte aussi de l'utilité que peut tirer la science des astres de ce mouvement rotatif. Il faut que ces engins énormes soient bien nécessaires pour légitimer les dépenses considérables qu'ils ont dû coûter.

Procédons par ordre.

Du moment que les grandes lunettes astronomiques furent reconnues indispensables, on s'aperçut qu'avec le grossissement qu'ils obtenaient d'elles, les astres, emportés par le mouvement diurne, passaient trop rapidement dans le champ de l'objectif pour qu'on pût les observer à loisir. Il fallait à tout instant changer la direction de l'instrument : non sans fatigue, ni temps perdu. On se demanda si la mécanique ne pourrait pas résoudre ce problème : tenir l'axe d'une lunette constamment dans le cercle parallèle à l'équateur que tout astre parcourt journellement. Il fallait aussi avoir égard au mouvement propre de l'astre. Un grand axe parallèle à l'axe du monde, et tournant sur lui-même dans le temps voulu, devait être la base de toute la machine. A son extrémité devait être ajustée la lunette avec un cercle divisé, de telle sorte qu'on pût en relever ou en abaisser la direction, d'après la déclinaison de l'astre. Tel avait été le problème, telle fut la machine. On l'appela pied parallatique, parce qu'elle permet de suivre à travers le ciel les cercles parallèles à l'équateur ; et quand elle est munie de sa lunette, elle prend le nom d'équatorial.

Son emploi (nous l'avons déjà indiqué) consiste à mouvoir une lunette, de manière à tenir constamment un astre dans le champ visuel, sans que l'observateur s'en préoccupe. L'un de ses perfectionnements les plus appréciés a été, dans ces derniers temps, de l'affranchir de ces mouvements saccadés, qui donnaient aux astres une apparence de va-et-vient très-nuisible à la précision.

L'équatorial et son pied parallatique trouvés, il restait à les mettre à l'abri des intempéries qui détruisent si vite les instruments. On imagina des demi-toitures, où l'on roulait les lunettes après s'en être servi. C'était l'enfance de l'art ; car quelle précision peut-on espérer d'un instrument sur des roulettes. Des toitures coniques en planches succédèrent à ces premiers et informes essais. On pourrait trouver des spécimens des uns et des autres dans quelques observatoires privés de l'Angleterre, et même dans un grand observatoire de l'Allemagne, celui de Bonn, à moins que ce défaut n'ait été récemment supprimé. Sous ce rapport également, la toiture conique en planches, roulant sur des boulets de canon, et qui couvre le magnifique *Altazimuthal* de Greenwich est bien loin d'être à l'abri de toute critique.

C'est à Paris, c'est à l'Observatoire impérial qu'on peut voir ce que le génie et l'art ont pu produire de plus achevé en fait de dôme tournant.

Il n'est pas difficile de se représenter une grande cage hémisphérique en bandes de fer recouvertes de plaques de tôle, de forme élancée, car son diamètre est d'environ treize mètres, et le sommet de la coupole surmonte de quinze mètres la plate-forme de la tour orientale. Une ouverture suffisamment longue, large d'un mètre, et pouvant, au besoin, se fermer et s'ouvrir en tout ou en partie, s'étend jusqu'au sommet. De l'intérieur comme de l'extérieur, l'aspect en est d'une grande élégance. Le dôme est porté sur des rouages de fonte que met en mouvement un fort pivot vertical, mû lui-même par des manivelles. Le plancher qui est de fer, se meut lui aussi, tout entier avec les spectateurs qu'il soutient.

Une disposition un peu difficile à saisir est celle par laquelle la grande lunette avec son pied parallatique si solidement établi, s'élève au centre de cette construction, et demeure indépendante du dôme rotatif, fixée qu'elle est par des contre-forts et des arcs-boutants de fer à la robuste maçonnerie de la plate-forme. Les deux planchers semblent n'en former qu'un, et la lunette n'obéit qu'au mouvement d'horlogerie caché dans l'intérieur de sa base.

Mais la beauté, la solidité de l'ensemble, les minutieuses précautions prises pour que le but proposé fût atteint avec facilité, la précision dans l'ajustement de toutes les pièces de cette vaste machine, la perfection avec laquelle on a su l'installer, l'utilité enfin qu'elle a eue déjà pour les progrès de l'astronomie; voilà ce que l'on ne saurait se figurer, à moins d'en avoir été témoin et d'en avoir, par une étude attentive, pu apprécier le mérite.

Nous sommes entrés dans beaucoup de développements. Nous pouvons passer sous silence le dôme rotatif qui est placé plus au sud-ouest; ses dimensions et sa structure, son équatorial de Gambey, bien que très-estimés sont inférieurs à ceux que nous venons de décrire.

Faisons observer, en terminant, que le monument consacré à la science astronomique française est bien pourvu. Ses belles lunettes méridiennes, son télescope Foucault, son équatorial de Lerebours, celui de Gambey, ses coupoles tournantes le placent de pair avec ce qui existe de meilleur au monde. Les découvertes dont il peut revendiquer la propriété lui ont fait un nom européen. La France n'a plus, comme à une autre époque, à se voiler la face devant les autres peuples, au point de vue de l'astronomie.

Que manque-t-il à la France?... En fait de gloire, elle peut lever un front radieux. Sa littérature... Elle court les rues et décore les salons de toutes les capitales. Ses écoles, foyers de lumière, sont encombrées d'étrangres; ses institutions font le tour du globe. Où trouver une influence semblable à celle qu'elle exerce; où trouver des savants illustres comme les siens, des monuments où, comme dans les siens, l'élégance se marie avec la grandeur? Un peuple généreux, spirituel, laborieux, brave et sympathique; un ciel qu'on recherche, et des produits du sol qu'on apprécie partout.

Que manque-t-il à la France, répéterons-nous?

Voici ce qui manque à la France... Un peu plus de pensée religieuse et sérieuse... un peu plus de respect et d'attachement à cet Évangile qui élève une nation... Un peu plus de connaissance du Sauveur des hommes et d'amour pour lui.

Un peu plus... ai-je dit? En avoir un peu, ce n'est point assez. Un peu de santé, un peu d'honneur, un peu d'intelligence, un peu de probité... Tous ces *peu* vous satisferaient-ils? Ah! il est des biens dont il faut la plénitude!

Que Dieu donne donc à la France tout ce qui lui manque pour être un peuple chrétien!... Un peuple tout à fait et en réalité chrétien!...

XI

PAROLES SAISIES AU VOL

> Plus persévérions écoutants, plus discernions les voix, jusqu'à entendre leur sens entier.
>
> (Pantagruel, liv. IV, ch. lv.)

Après un dîner frugal pris dans un restaurant des environs, la famille Sutterville revint pour la seconde fois à l'Observatoire. La nuit était venue, le ciel était resplendissant, et la vive scintillation des étoiles aurait permis de voir et de reconnaître les personnes déjà réunies sur la terrasse, si le sombre monument n'eût projeté sur ses alentours les épaisses ténèbres qui l'environnaient.

En attendant l'heure où devait recommencer la séance, nos amis, à pas lents et discrets, se mirent, eux aussi, à se promener ; bientôt leurs yeux, se familiarisant avec l'obscurité, purent entrevoir, se dressant dans l'ombre, les instruments préparés d'avance et mis à la disposition des membres de l'Association scientifique, qui célébrait ce soir-là encore l'anniversaire de sa fondation.

Quelques groupes d'académiciens, de professeurs, de journalistes se promenaient aussi, discourant entre eux, et ils devenaient de moment en moment plus nombreux et plus animés.

Que de fois, fit observer madame Sutterville à ses enfants, sur cette même terrasse, et par des nuits aussi splendides et aussi sereines que celle-ci, de grands esprits ont dû se poser la plus grande des questions, celle de Dieu ! Son gouvernement, sa révélation, notre immortalité, notre rachat, notre destinée, sont des problèmes qui ne peuvent pas être séparés du premier. Que de fois on a dû les agiter !... Et les résoudre, hélas ! chacun à sa manière, et sans la moindre préoccupation de la solution qu'en fournissent les livres révélés !

— Oh ! madame, répondit l'institutrice, espérons que la grâce de Dieu se sera d'autant mieux manifestée à ces grands génies, qu'ils voyaient mieux que le vulgaire les imposantes richesses de la création.

Hélène. —Je t'ai entendu dire, bonne mère, et même j'ai lu dans mon Nouveau Testament qu'il y a une *science qui enfle* et *une autre qui,* plus modeste, *édifie.* Penses-tu... qu'ici... sur cette terrasse, et en ce moment même, il y ait quelques-uns de ces matérialistes, de ces libres penseurs, comme tu les appelais ? Si cela était, je regretterais presque d'être venue ici m'exposer au péril de maximes et d'exemples peut-être contagieux.

Madame Sutterville. — Gardons-nous de juger précipitamment. Souvenons-nous toutefois de veiller sur nous-mêmes, car le siècle actuel est éminemment un siècle sceptique. Toutes les doctrines et toutes les morales, même les plus mauvaises, s'y montrent le front levé et s'y livrent leurs combats. Les établissements scientifiques, tels que celui-ci, ne sont pas plus que les autres exempts de ce danger. Le nombre des chrétiens doit, comme partout ailleurs, y être petit.

Augustin. — C'est très-vrai, bonne mère, mais j'avoue que j'ai encore sur le cœur les grandes statues et les petits bustes de la salle des conférences, et que plus j'y pense, plus je sens mon indignation prête à se réveiller. La partialité me révolte.

L'Institutrice. — Contenez ces sentiments, monsieur Augustin ; le Christ n'a pas refusé le génie à tous ses serviteurs, mais il n'a promis à aucun d'eux la gloire humaine ; leur lot est préférable : c'est sa *grâce et sa paix*.

Dans ce moment, passait auprès d'eux dans l'obscurité un groupe de messieurs, qui semblaient discuter quelque sérieuse question, car leur voix, quoique basse et contenue, vibrait cependant, comme lorsqu'un puissant intérêt émeut l'âme tout entière.

— Ce n'est pas mon avis, disait le premier interlocuteur, la matière n'a pas eu besoin d'un créateur. Une substance cosmique soumise à certaines lois fatales s'est mise à se refroidir, à se condenser, à tournoyer ; au bout de quelques millions de siècles, l'univers est formé ; quant aux êtres qui le peuplent, leur point de départ, c'est une certaine gelée féconde où se forme une molécule vivante. Au sommet de l'échelle de tous ces êtres, apparaît une sécrétion cérébrale à laquelle on a donné le nom de pensée et de volonté. Ni l'âme, ni Dieu n'existent.

Second Interlocuteur. — Je partagerais peut-être

votre opinion si je n'entrevoyais dans ce monde qui m'entoure un ensemble, des forces, une activité de vie, qui régissent le tout, président à tout, et ne sont absents nulle part. Cet accord harmonieux, cette vie universelle, cette force agissante, ce tout, voilà mon Dieu. Voyez la clarté tremblante de cette douce planète, lampe du soir ; écoutez votre cœur palpiter dans votre poitrine. Dieu n'habite-t-il pas dans tous ces miracles de la vie. Ils sont *lui-même*. Votre conscience et vous-mêmes, vous faites partie de ce grand tout. C'est la religion de l'avenir.

Un frisson douloureux parcourait tout le corps de nos amis voilés de ténèbres. Ils refoulèrent ce sentiment pour écouter un troisième orateur, avocat d'une cause assez obscure, soutenue avec des paroles entrecoupées.

Tout homme est inspiré, disait-il, s'il est vertueux. Nous le sommes quand Dieu... La conscience, en un mot, voilà notre évangile... Il n'est pas altéré, celui-là... Il n'est pas mélangé de légendes... Qu'on en déduise des règles de morale indépendante de toute croyance. C'est la vraie religion de l'homme de progrès, c'est celle de l'avenir.

Entendez-vous, entendez-vous ? se disaient nos amis affligés au delà de ce que nous pourrions dire. C'est l'impiété de notre époque prise en flagrant délit, s'écriait madame de Sutterville. Où se tient donc notre bon secrétaire ; il nous consolerait, lui, de ce que nous venons d'être condamnés à écouter.

L'Institutrice. — Avez-vous remarqué, madame, comment, dans ces paroles flottant au sein de l'obscurité, les trois nuances de l'incrédulité contemporaine se sont produites, toutes également funestes à la foi, hostiles à l'évangile du Sauveur.

Hélène. — Expliquez-moi lesquelles.

L'Institutrice. — L'athéisme d'abord, le panthéisme ensuite, la critique sceptique, prétendue religieuse, enfin.

Augustin. — Il ne manquait là que l'amer sarcasme voltairien.

L'Institutrice. — Il est passé de mode, et il a cessé d'être de bon ton de l'employer.

Madame Sutterville. — Non, je ne puis le croire, que ce soient là les principes religieux de la majorité des savants français ! Nous sommes les dupes de quelque illusion. Seigneur, préserve-nous, et daigne être pour la France un Dieu qu'elle puisse aimer et invoquer !

Un long silence entrecoupé de pénibles soupirs suivit ce vœu proféré dans le secret du cœur. Appuyés aux balustres qui dominent les bosquets, les visiteurs affligés n'osaient presque faire un mouvement, de crainte d'être vus et de se voir eux-mêmes. Les balsamiques parfums des rosiers en fleurs, loin de les calmer, les faisaient souffrir. N'étaient-ils pas, ces parfums, eux aussi, comme l'étoile, comme la fleur, comme la nuée, comme la conscience, partie intégrante de ce Dieu-nature, de ce Dieu emprisonné dans son œuvre, de ce Dieu dont l'audacieuse profession venait d'être infligée à leur âme ?

Des pas de plusieurs personnes se firent soudain entendre dans le bosquet. On marchait vite, une voix dont l'accent était celui d'une conviction magistrale, proférait les mots suivants :

« Oui, messieurs, ce sont des grandeurs, ce sont des magnificences de l'ordre le plus élevé. Heureux qui sait les comprendre ! Mais sachez-le, à côté de ces choses ineffables, Dieu seul est grand, seul magnifique, seul beau ! »

Nos amis recueillirent avec bonheur ces paroles sans connaître la bouche qui les prononçait. La mère en son cœur disait : « Que n'ajoute-t-il : Seul saint, seul juste, seul miséricordieux ? » Hélène ajoutait : « Et seul sauveur en Jésus-Christ ! »

Quelques secondes après, sur le même sentier, une voix plus douce s'adressant à des compagnes, d'un accent convaincu et affectueux leur disait : « Le public le juge mal, mais moi, je dois le connaître. Il ne leur ressemble pas. Il est spiritualiste, il est croyant. »

A l'arrivée de ces groupes, les portes de la grande salle des conférences s'ouvrirent avec bruit ; des flots de lumière inondèrent la terrasse. On prit place. Nos amis, plongés dans leurs réflexions et assaillis de conjectures, trouvèrent des siéges commodes vers les seconds rangs des auditeurs. La séance commença.

XV

LE SYSTÈME SOLAIRE VU A VOL DE COMÈTE

> The rushing comet to the sun descends;
> And as he sinks below the shading Earth
> Wilh awful train projected o'er the Heavens
> The guilty nations tremble.
> (Summer, The Seasons.)

L'auteur de cet essai ne consent pas à se rendre complétement l'esclave de la forme qu'il a cru devoir adopter dans les premiers chapitres de son travail. On manque parfois le but en exagérant les moyens de l'atteindre. Je me dégage donc dans ce chapitre de l'aimable famille à laquelle, jusqu'à ce moment, j'ai servi de cicerone à travers les terrasses, les salles et les tours, et je vais narrer en mon propre nom ce que j'ai vu ou entendu.

Je ne me rappelle plus pour quel jour déterminé, les journaux consacrés à la science avaient publié l'avis suivant : « Conférence à l'Observatoire sur le système solaire. » D'une curiosité passionnée pour ces belles recherches, je me procurai un billet d'entrée et je me rendis sur les lieux à l'heure indiquée. Une affiche placardée sur la porte annonçait que, pour cause d'indisposition, le professeur sur la parole autorisée et savante de qui l'on comptait, avait obtenu de l'un de ses suppléants d'être remplacé dans la conférence de ce jour, et que le sujet annoncé serait exposé par ce jeune candidat de la science.

En pareil cas, on dissimule comme on peut son désappointement, et c'est ce que je fis, non sans quelque peine.

C'est l'analyse de cette conférence que je rapporte ici. Si je dois, quant aux expressions, me défier un peu de ma mémoire, je puis, quant au fond des pensées, être sûr de la fidélité de mes impressions, et il m'est loisible de laisser sans le moindre scrupule la parole au suppléant :

« Messieurs, dit-il, vous serez indulgents, vous comprendrez la difficulté de ma tâche ; on ne supplée pas de tels hommes ; j'ai donc le droit de compter sur vos bontés.

« Mon programme, d'ailleurs, me laisse mon libre arbitre, et, comme par-dessus tout je tiens à être clair, vous me permettrez de me servir d'une hypothèse qui m'a paru lumineuse, bien qu'elle soit contraire à la marche vulgairement suivie. Pour décrire ce vaste système de corps planétaires qui a pour centre et pour chef notre soleil, on a pris souvent pour point de départ ce centre même et l'on observait en s'en éloignant. Le voyage inverse m'a paru plus commode. Vous jugerez.

« C'est une comète s'approchant du soleil qui va nous servir, à vous et à moi, d'observatoire et de siége. Épaissir suffisamment la substance cosmique qui va nous emporter, la supposer habitable, c'est le seul effort d'imagination que je requiers de vous. »

Un mouvement assez prolongé que l'on pouvait attribuer à la surprise aussi bien qu'à l'improbation ac-
cueillit cet exorde. L'orateur continua.

« Environnés de ténèbres nous voguions dans l'espace avec assez de lenteur, car l'attraction de l'astre
central est très-faible, ainsi que sa lumière, à la distance où nous en étions. Nous entrevoyions cependant
comme une étoile de première grandeur de laquelle
nous paraissions nous rapprocher ; car son éclat aug-
mentait visiblement ; d'abord plus brillante que Régu-
lus et qu'Antarès, elle effaçait maintenant Procion et
même Sirius. C'était le soleil vu de loin. Ses taches ne
s'apercevaient pas encore, mais sa clarté scintillante
était entourée d'une sorte de couronne brumeuse en-
trecoupée de quelques points opaques diversement
éclairés. L'on me fit bientôt observer un de ces points,
une planète sans doute, de laquelle nous nous étions
rapprochés. A l'unique satellite qui projetait sur sa
partie obscure un faible reflet, nous jugeâmes que ce
devait être Neptune, la plus éloignée des planètes connues, obéissant néanmoins malgré cette extrême distance, ainsi que sa lune, à l'attraction centrale.

«La découverte de cet astre avait dû être faite à l'aide
du calcul analytique, car il se trouve trop loin des astronomes de la terre pour ne pas avoir échappé pendant des siècles à leurs instruments investigateurs ;
d'autant plus qu'une autre planète nommée Uranus,
que nous commencions à entrevoir, avec ses six lunes,
éprouve des retards et des accélérations de vitesse qui
justifiaient pleinement le soupçon déjà ancien d'une
planète perturbatrice.

« Jour solennel dans les fastes scientifiques, que celui où l'illustre et heureux calculateur vint annoncer à l'Académie l'astre nouveau découvert par la puissance de son analyse ! La distance, la vitesse, la masse, le volume de Neptune, les éléments de son orbite, sa place dans le ciel, tout avait été déterminé, et si bien que, quelques jours à peine écoulés, un astronome étranger qui avait dirigé sa lunette vers les régions de l'espace indiquées, avait vu l'astre : trouvaille matérielle infiniment moins glorieuse que la découverte théorique.

« Un peu déviés de notre route par l'attraction d'Uranus, comme celui-ci l'avait été par celle de Neptune, nous passâmes outre cependant. Bientôt nous jouîmes d'un spectacle unique dans le ciel, car le système *saturnien* se fit voir à nous dans toute sa splendeur. La parabole suivie par la comète, notre véhicule, côtoya pendant plusieurs heures les orbites compliquées des huit satellites qui escortent cette originale création.

« A plus de trois cents millions de lieues du soleil, huit lunes, avec une grande variété de volumes, de distances et de vitesses gravitent autour de leur planète-reine, subissent des éclipses, en font subir, toujours selon les lois simples autant que savantes auxquelles Newton et Képler — de qui la piété marcha de pair avec le génie, — attachèrent l'immortalité de leurs noms.

« Nous pûmes voir alors ces anneaux mystérieux entourant d'une couronne aplatie la planète centrale à la teinte plombée. Ces anneaux tournent, cela nous parut positif, et leur révolution s'accomplit presque dans le même plan et dans le même sens que l'équateur de Saturne. Ils projettent leur grande ombre sur sa surface, lui voilant et lui découvrant tour à tour les clartés bienfaisantes du soleil ; la planète à son tour projette aussi son ombre sur une partie plus ou moins étendue de ses anneaux, selon les degrés variés d'incidence des rayons solaires.

« Certaines bandes parallèles et certaines taches sur le disque de Saturne nous permirent de conjecturer qu'il tourne sur son axe dans dix heures environ. Nous rappelant que la révolution de plusieurs planètes plus voisines du soleil est beaucoup moins rapide, nous augurâmes que ce surcroît de rapidité pourrait bien être une compensation providentielle à la faible quantité de chaleur et de lumière que reçoit Saturne, à cette énorme distance. Nous agitions bien d'autres questions sur tout cela. Ce gigantesque pont que forment les anneaux, jeté comme l'anse d'un panier sur ce disque, pourra-t-il toujours se soutenir ainsi sans appui ? Ce curieux ensemble réunit-il les conditions de stabilité et d'habitabilité ? Y a-t-il de l'eau, de l'air, un sol solide ?

« Pendant ces méditations prolongées nous avions fait du chemin et nous nous trouvions assez voisins de l'orbite d'une autre planète fort volumineuse et déjà d'un éclat splendide, bien qu'elle fût dans son opposition à notre égard. Quatre beaux satellites, à des distances régulièrement mesurées, apparaissaient déjà et s'éclipsaient tour à tour. D'une commune voix nous acclamâmes Jupiter.

« Sa célébrité est grande dans le monde astronomique.

Quatorze cents terres comme la nôtre suffiraient à peine pour faire contre-poids à sa masse ; et c'est déjà quelque chose qu'une taille aussi avantageuse. Jupiter a plus que cela : les éclipses de ses lunes calculées et observées avec soin donnent à la navigation un moyen précieux pour trouver avec précision la longitude où se trouve un navire sur les océans terrestres. S'il y a sur d'autres planètes des océans, des navigateurs et une astronomie, ce qui n'a pas encore été scientifiquement démontré, qu'on juge du rôle important que Jupiter et ses lunes doivent jouer dans ces mondes-là par ce côté utilitaire.

« Qui l'eût imaginé, que ces petites lunes de Jupiter fourniraient l'occasion de se produire à l'une des plus étonnantes découvertes des temps modernes, celle de la vitesse de la lumière ? Ce fut l'astronome Roëmer qui en eut la gloire. Quelle sagacité ne lui fallut-il pas déployer, lorsque les tables des éclipses de ces lunes eurent été dressées par Cassini, pour découvrir que chaque fois que l'éclipse avait lieu dans le voisinage de l'opposition, il y avait retard dans sa période ; qu'il y avait avance, au contraire, chaque fois que l'éclipse coïncidait avec la conjonction. D'où pouvait provenir cette frappante anomalie, si ce n'est du temps que mettent les vibrations lumineuses à traverser l'orbite de notre terre ? La découverte était faite.

« Quelques-uns de nos compagnons de voyage avaient entendu dire que le voisinage et la masse de Jupiter n'était pas sans quelque inconvénient pour les comètes qui, comme la nôtre, pénètrent dans son orbite ; l'un d'eux, plus instruit que les autres, cita même une comète, celle que *Lexell* observa en 1770, dont l'histoire ne laissa pas de nous préoccuper ; car la pauvrette, s'étant trop approchée de Jupiter et ayant commis l'étourderie de se fourvoyer, comme dit Herschell, au milieu des satellites, perdit sa route et modifia tellement la courbure de sa trajectoire que jamais plus dès lors on n'a entendu parler d'elle. Je pus dissiper ces craintes en leur montrant Jupiter versant les flots de sa lumière argentée dans une partie de son orbite fort éloignée de celle où nous nous trouvions dans ce moment.

« A peine rassurés de ce côté, un nouveau sujet d'inquiétude vint nous assaillir. Notre comète se rapprochait du soleil avec une vitesse accélérée ; cela nous donnait le vertige. Les effluves cosmiques qui s'exhalaient de sa masse se déployaient, en formidable arrière-garde, dans la région de l'espace que nous quittions : queue énorme de forme conique. Le soleil à vue d'œil, à mesure que diminuait la distance de nous à lui, grossissait son diamètre apparent. Qu'adviendrait-il de nous quand nous serions assez près pour que ses rayons vainqueurs nous pénétrassent d'un ardent calorique, comme déjà son attraction devenait de plus en plus intense ?

« Ces impressions firent bientôt place à de nouveaux sujets d'étonnement. Un, puis deux, puis quatre de ces astéroïdes dont on place la zone entre Mars et Jupiter, s'offrirent à notre vue. Ils sont en assez grand nombre, tous d'un assez petit volume ; quelques-uns décrivent des orbites qui s'écartent beaucoup plus du plan de la nôtre que la plupart des autres corps du système solaire. Leur nombre s'accroissant tous les ans, par tous ceux dont on fait la découverte, atteindra bientôt et peut-être dépassera la centaine ; quoique la science soit bien éloignée d'avoir dit son dernier mot à leur sujet.

« Nous pûmes remarquer que les ellipses décrites par ces planètes télescopiques ont l'air de s'entrelacer les unes avec les autres de manière pourtant à se diriger toutes vers un point commun de rencontre ; comme si, agglomérées jadis en une seule masse, elles avaient été violemment fracturées par quelque brusque choc. Les anfractuosités que l'on a cru remarquer sur le disque de quelques-uns de ces corps corroboreraient cette hypothèse, sans la dépouiller de son voile mystérieux.

« Attristés et sérieux, nous pensions à cette planète probablement brisée, quand un astre nouveau vint, par sa teinte claire et rubiconde, distraire nos regards. Inférieur de beaucoup en volume à Jupiter, mais supérieur aux fragments de planète qui maintenant semblaient fuir, se cachant derrière notre flamboyante queue, il offrait plusieurs taches variables de forme et plus ou moins rosées, qu'on eût jugées être des continents successivement envahis et délaissés par des mers. Il présentait en outre deux coupoles d'une blancheur éclatante aux deux extrémités de son axe de révolution. Il nous fut facile de conjecturer que c'étaient des glaces polaires, car elles étaient d'inégale grandeur et la plus petite était située dans l'hémisphère de l'astre que le soleil éclairait et réchauffait de ses rayons les plus directs. Il n'y avait pas à s'y tromper, la planète était Mars : d'anciennes traditions et quelques débris d'éducation scientifique nous avaient permis de retenir ce nom mythologique et significatif.

« N'arriverons-nous pas bientôt à la terre ? m'écriai-je en ce moment, impatient de me trouver dans ce voisinage que tant de souvenirs devaient me rendre cher : planète privilégiée où, ni trop près ni trop loin du soleil, il fait si bon vivre (j'oubliais que très-longtemps pessimiste à son égard, j'avais été jusqu'à la maudire); planète où un heureux degré d'obliquité de l'écliptique sur l'équateur amène des saisons, des climats et des produits si heureusement variés ; terre enfin, où un seul satellite sagement disposé produit un éclairage nocturne favorable, quoi qu'on en ait dit, aux instincts voyageurs de ses habitants !

« A cette exclamation un peu enthousiaste peut-être, un de mes compagnons de route répondit en me la montrant du doigt. Elle arrivait sur nous avec impétuosité.

« Je ne me rends pas bien compte de ce qui se passa dans ce moment. S'il y eut une collision, elle dut être fort adoucie par les couches élastiques de l'atmosphère, ou par l'état de mollesse gazéiforme de la comète. Nous pensions que cette dernière nous emportait toujours. Erreur complète ! Il s'était opéré comme un débarquement de nous-mêmes. Nous étions bien sur le sol solide de la terre, bien que nous ignorassions encore dans quelle contrée notre véhicule nous avait déposés.

« Une curiosité facile à comprendre me fit élever les yeux vers l'horizon ; je la revis non sans une vive satisfaction, cette intéressante comète, mais vide de nous maintenant ; son noyau avait été un peu déformé par son abordage contre la croûte terrestre ; mais elle déployait plus que jamais, de notre nouveau point de vue, l'éventail flamboyant qui la suivait.

« La pensée de son rapprochement du soleil et de la température croissante qu'elle devait éprouver produisait en nous des satisfactions exquises. Que serions-nous devenus, en effet, dans quelques jours, dans quelques heures, quand la distance au soleil serait devenue un voisinage torride et sa température une atroce chaleur ? Ce fut donc avec de vives félicitations intérieures que nous la vîmes cinglant à toute vapeur vers la belle étoile du berger, cet astre de Vénus tant chanté. Le calme et pur éclat dont il resplendissait dans ce moment à nos yeux, et qui annonce une demeure aussi favorable et plus peut-être que notre globe sublunaire, ne m'inspira, je l'avoue, aucun regret.

«Lelendemain, la comète s'entrevoyait à peine, perdue qu'elle paraissait être dans les clartés mourantes du crépuscule, à peu de distance d'un petit point brillant, la planète Mercure probablement.

« Y a-t-il une ou plusieurs autres petites planètes entre Mercure et le soleil ? On l'a proclamé et on le proclame encore, mais avec un peu moins d'assurance. En échouant sur la terre, nous avions perdu une bonne occasion de le constater. Nous étions consolés de cette perte. Toujours est-il que la comète, que je cesse d'appeler nôtre, ayant achevé de décrire de sa vaste parabole toute la partie ascendante vers le soleil, avait dépassé son périhélie, redescendait, côtoyait de nou-

veau Mercure, Vénus, la Terre, Mars et, avec une vitesse
et une clarté décroissantes, apparaissait de nouveau
dans les régions du ciel où gravitent avec leurs lunes
Jupiter, Saturne, Uranus et Neptune ; nous ne la verrons
pas probablement reparaître. »

Le jeune maître des conférences cessa de parler. Son
expositon avait été un peu longue et son hypothèse se
terminait en un miracle absurde :

Desinit in piscem mulier formosa superne.

La foule s'écoula médiocrement satisfaite ; c'est
toujours une tâche scabreuse que celle de remplacer
un orateur idolâtré du public. Je ne la voudrais accepter à aucun prix, car comment éviter les parallèles
défavorables ?

En somme, l'exposition avait été juste et vraie, sinon éloquente et de bon goût.

Quant à l'emploi de l'hypothèse, on peut dire qu'ici
ce n'était qu'une forme ; mais combien d'autres hypothèses employées sérieusement dans la science et avec
quel bénéfice ! Les lois de Képler, la loi de la gravitation n'ont été dans le principe que des hypothèses.
L'illustre la Place en a émis une sur la formation des
soleils qui est, à peu de chose près, admise, malgré sa
hardiesse. Le géologue assignant leur date aux soulè-
vements des montagnes, le médecin devant le lit de son
malade, opèrent-ils différemment que par la voie
hypothétique ?

Pourquoi donc se récrier avec tant de force contre

l'emploi d'une méthode qui, judicieusement employée, a toujours été si féconde en heureux résultats.

Voici donc l'axiome que je voudrais voir inscrit sur le fronton de ces grands instruments de science, tels qu'un observatoire, tels surtout que notre Observatoire impérial. *L'hypothèse quelquefois... les faits toujours... les systèmes après... longtemps après.*

Il est une science toutefois qui ne réclame ni tant de précautions ni tant d'ambages. Ne serait-ce pas celle des hirondelles et des cygnes, ces maîtres dans l'art de la navigation et de l'orientation aériennes où l'homme échoue? Ne serait-ce pas la science de l'enfant suspendu à la mamelle qui le nourrit, croyant à cet amour dont il est enveloppé et, sans le voir, sans l'analyser, confiant tout son être à cet amour de sa mère? Non, c'est mieux que tout cela. C'est la science de ces chrétiens naïfs et simples qui croient à un amour plus maternel encore ; ils marchent sans crainte, enveloppés de ce bouclier, dirigés par cette boussole, réchauffés de cette flamme. Est-ce donc une vaine hypothèse que leur inébranlable certitude? Non, car des faits la justifient. *J'étais aveugle et j'y vois ; j'étais* désespéré, je suis consolé; j'étais en guerre, je suis en paix ; je voulais le mal, je veux le bien!...

Ces faits intérieurs, mieux démontrés que tous ceux qui ont passé sous nos regards dans ce chapitre, ces faits, dis-je, ont un nom : ils s'appellent la foi en Jésus-Christ. *Étant justifiés par la foi, nous avons la paix avec Dieu, par notre Seigneur Jésus-Christ.*

XVI

LES NÉBULEUSES ET LA LUMIÈRE ÉLECTRIQUE

> Millions de millions... millards de millards.
> (Michelet.)
>
> Chaque tache de lait que blanchit l'horizon,
> Chaque teinte du ciel qui n'a pas même un nom,
> Sont autant de soleils, rois d'autant de systèmes
> Qui de seconds soleils se couronnent eux-mêmes.
> (Lamartine, *Harmonies poét. et relig.*)

C'était un spectacle étrange et qui m'impressionna profondément. J'avais plusieurs fois assisté à des scènes de fantasmagorie. Avec la foule avide d'émotions neuves, j'avais couru, moi aussi, à ces spectacles où des spectres semblent sortir d'abîmes ténébreux. Mais j'étais toujours parvenu à me rendre à peu près compte du mécanisme de ces miroirs cachés sous la scène et répercutant sur la toile cet habile mirage; et tandis qu'un frémissement général courait parmi les spectateurs, je demeurais froid; j'avais trop bien compris; le mensonge était trop apparent.

Quand on m'annonça que, dans la séance du soir, des représentations graphiques des principales nébuleuses, dessinées sur nature, par leur propre lumière, allaient être exhibées; que la lumière électrique serait employée pour illuminer ces curieux tableaux,

je compris que j'étais convié à un spectacle tout différent; j'arrangeai donc mes affaires de telle sorte qu'il
me fût possible d'y assister.

Les nébuleuses, on le sait, sont des amas de matière
légèrement lumineuse ou d'un blanc laiteux. Il s'en
trouve dans toutes les parties du ciel, l'œil nu ne peut
les apercevoir. Les puissantes lunettes font découvrir
que ces flocons blanchâtres sont souvent parsemés de
quelques points brillants et quelquefois en sont entiè-
rement composés. Leur forme est souvent fort singulière.

Dans l'état actuel de la science, il n'en existe point
de catalogue complet, car s'il en existait un aujour-
d'hui, demain le perfectionnement continu des instruments d'investigation aurait reudu ce catalogue ina-
chevé.

Le problème des nébuleuses a été, *est encore*, l'occasion d'une foule d'explications contradictoires. Cela
devait être; devant ce qui est mystérieux la science
s'agite, impuissante. Citons ici l'hypothèse hardie par
laquelle l'illustre la Place s'est efforcé de montrer
dans ces aggrégations de substances lumineuses des
mondes nouveaux qui s'organisent *d'eux-mêmes*. Nous
reviendrons sur cette supposition *athée* qui ne supporte
pas, selon nous, un examen attentif.

Introduisons, en attendant, nos lecteurs dans cette
salle déjà remplie où la représentation allait avoir
lieu. L'obscurité complète qui y régnait n'était de
temps en temps interrompue que par les jets éblouis-
sants qui s'échappaient par certaines fissures de la machine prête à fonctionner.

8.

Les premiers amas stellaires qui apparurent, projetés sur le cercle brillant du mur, furent ceux que les télescopes les plus grossissants ont fait découvrir dans les constellations de la Balance, des Gémeaux, du Capricorne. Ils sont composés de granulations distinctes, étincelles extrêmement brillantes, amoncelées fort près les unes des autres, dans un espace à peu près circulaire. Celle d'Hercule présente l'aspect général d'un quart de cercle parfaitement délimité. L'étonnement des spectateurs serait difficile à décrire. Il augmenta pourtant l'instant d'après, quand se montra cette croix mystérieuse, obscure et vide d'étoiles, qui divise en portions à peu près égales la nébuleuse du Scorpion.

Les aggrégations en forme de fuseau, d'ellipse, d'anneaux et de double anneau, de comètes même (chose étrange de voir le ciel se parodier lui-même à ses divers étages!) ne causèrent pas de moindres surprises. Elles sont dans la constellation de la Licorne et du Cygne. Il en est une dans la Lyre qui est zébrée et rayonnée comme un oursin.

Quelle idée faisaient déjà naître de l'immense étendue des cieux, ces formes étranges pullulant de soleils, à une distance tellement grande que l'œil désarmé ne soupçonne pas même qu'ils existent.

Plusieurs nébuleuses coniques du même cadre offrent cette particularité de paraître douées de vie, et affectent un air de menace.

Déjà, sous nos yeux, avaient passé de ces astres qui ne présentaient aucun point brillant. On eût dit de simples nébulosités à peine perceptibles, des places

laiteuses dans le ciel sombre. Il n'y a point là de soleils, m'avisai-je de dire à un savant placé auprès de
moi. Bah! me répondit-il, on avait la même pensée
pour la plupart des autres, avant que les puissants
télescopes les eussent résolues en étoiles distinctes.
Résoudre celles-ci, c'est affaire aux télescopes à venir.

Rien ne m'impressionna comme la nébuleuse
d'Orion. C'est, d'après le dessin exécuté par M. Bond,
une sorte de grand trapèze central, divisé en compar-
timents qui lui donnent l'aspect d'une forteresse avec
des rues placées dans une espèce de symétrie. Cette
partie centrale, que décorent quatre belles étoiles,
semble planer dans le ciel, emportée sur des ailes
de gaze d'une vaste envergure.

Un autre caprice de forme fut salué par l'assemblée
entière d'un mouvement d'effroi. *C'était le Crabe*,
énorme nébuleuse située dans la constellation du Tau-
reau. Qu'on se représente ce gigantesque crustacé
étendant dans la sombre voûte sa grosse tête ornée
d'étoiles en guise d'yeux, ses pinces, et sa queue
épineuse comme celle d'une raie. Le démonstrateur
nous dit qu'observé avec le télescope de lord Ross,
ou avec tout autre d'un pouvoir amplifiant exceptionnel, cet amas de matière cosmique est vraiment terrifiant.

Mais de toutes les impressions reçues ce soir par le
public, aucune n'est à comparer avec le mouvement
d'émotion, qu'accompagnèrent même des accents
involontaires d'épouvante, quand la nébuleuse spirale
des Chiens de Chasse entra en scène et qu'elle déroula
ses mystérieuses volutes. Cette forme implique et trahit

un vaste et rapide mouvement tourbillonnant de tout le système. L'on ne pourrait chiffrer que par centaines de millions le nombre de soleils qui composent cet amas. C'est effrayant. Quatre ou cinq autres en hélice également et d'apparence échevelée, comme la première, ne faisaient que fortifier l'impression produite.

Cette exhibition de nébuleuses ne se composait pas de moins d'une cinquantaine de tableaux. La lumière propre de ces corps en avait elle-même effectué la peinture photographique, et maintenant c'était la lumière électrique qui venait les illuminer de ces splendeurs : un prodige greffé sur un autre prodige.

En quittant cette séance nocturne nous étions tous, y compris la famille Sutterville, comme écrasés sous ces magnificences, et ces infinies grandeurs. Nous nous sentions petits, humiliés ; mais ce sentiment dissipe les fumées enivrantes de l'orgueil humain.

Que peuvent être ces lointaines clartés, nous disions-nous intérieurement ? Des soleils ? Ces soleils sont-ils escortés comme le nôtre, de planètes et ces planètes de satellites ? Tout ce pompeux ensemble est-il habité ? Pourquoi ne le serait-il pas ? Mystères… mystères ?…

Il n'est pas étonnant que, sur ce canevas si vaste de l'inconnu, l'esprit humain ait brodé cent et cent suppositions, il est douloureux que, parmi ce grand nombre d'hypothèses dont les nébuleuses ont été l'occasion, notre siècle ait jeté sa préférence sur celle qui affecte le plus profondément sa foi religieuse. Nous voilà revenus au marquis de la Place, et comme, au sujet de cet illustre astronome et de son système cosmogonique, nous avons pris un engagement au commencement de ce chapitre, qu'on nous permette encore quelques mots avant de le terminer.

L'hypothèse d'une nébuleuse qui, sans l'intervention de Dieu, aurait, en se refroidissant et se condensant, produit le système solaire dont nous sommes partie intégrante, cette hypothèse est-elle tellement bien établie qu'un homme raisonnable et instruit ne puisse se dispenser de l'accepter comme l'expression de la vérité?

Nous opposons la négation la plus formelle à cette question.

Loin de nous la présomption de nous croire juge compétent en cette matière; mais il est des juges compétents, et nous croyons utile à nos lecteurs de soumettre à leur examen le verdict de ces derniers.

Nous mettons à leur tête sans hésitation aucune l'illustre et savant auteur de cette explication de notre univers. La Place n'a jamais consenti, que nous sachions, à donner à ses idées sur ce point de la science d'autre nom que celui d'hypothèse. Ceci est fort digne d'être remarqué; nul plus que lui en effet, n'a plus expressément recommandé en toute occasion, de n'user qu'avec la plus extrême circonspection de l'hypothèse comme méthode scientifique.

Dans une très-belle notice insérée en entier dans l'*Annuaire du bureau des longitudes* (année 1844, page 334), Arago, appréciant les grands services rendus par la Place à l'astronomie par les plus glorieuses découvertes, arrive à l'exposition de la conjecture dont nous nous occupons. Voici les termes textuels de sa conclusion :

« Peut-être doit-on *regretter* qu'elle n'ait point reçu de plus grands développements, surtout en ce qui concerne la division de la matière en anneaux distincts ; peut-être est-il *fâcheux* que l'illustre auteur ne se soit pas suffisamment expliqué touchant l'état moléculaire de la nébuleuse aux dépens de laquelle se seraient formés le soleil, les planètes et les satellites de notre système ; peut-être *doit-on déplorer* en particulier, que la Place ait cru pouvoir *passer légèrement* sur la possibilité, suivant lui évidente, de mouvements de circulation résultant de l'action des simples forces attractives. »

Malgré la courtoisie exquise de ces formes, et la modération de cette critique, on peut se croire autorisé, d'après les termes que nous avons soulignés, à placer le savant auteur de l'*Astronomie populaire* parmi les hommes qui repoussent, du moins quant au fond, l'hypothèse matérialiste de la Place.

Voici qui est encore plus actuel.

Tout le monde a pu lire dans le *Moniteur* du 27 janvier 1867 une fort intéressante lettre de M. Le Verrier à M. Herschel, lettre ayant pour sujet quelque nouvelles vues sur l'origine des étoiles filantes. Mais comme tout se tient dans l'univers, M. Herschel, à qui ces recherches avaient été précédemment communiquées, en avait conclu que la nébuleuse hypothétique de M. la Place était inconciliable avec ces nouveaux résultats. En véritable savant britannique, il avait carrément, des coups de cette nouvelle massue, accablé l'hypothèse ; il était allé même jusqu'à une sorte de provocation à l'adresse des partisans de ce système.

M. Le Verrier, avec toutes sortes d'expressions d'estime amicale, accepte le défi et expose ses raisons que nous ne reproduirons pas. Il proclame néanmoins avec une sorte de solennité qu'il est bien entendu, que l'affirmation comme la négation de ce système n'a rien à démêler avec les vérités des livres sacrés... « dont j'admets » dit-il, « le texte et les conclusions. »

Que les amis du spiritualisme chrétien, qu'a dû parfois affliger l'air arrogamment triomphant de certains incrédules, se rassurent! Tant que, sur quatre notabilités scientifiques comme celles que nous avons nommées, trois professeront tout haut le respect pour les doctrines révélées, prendront·leur parti contre les conclusions de la science sceptique, l'on ne pourra pas dire, comme quelques-uns ont osé le faire, que le Christianisme a fait son temps, qu'il est usé et fini, qu'il n'a plus qu'à effectuer sa retraite devant cette doctrine négative, ne sachant affirmer que ses doutes et poussant sa témérité jusqu'à s'afficher sans scrupule comme la religion unique de l'avenir.

SECONDE JOURNÉE

—

I

UNE PLANÈTE MISE EN CENT MORCEAUX

Retires-tu ton souffle, elles défaillent.
(Psaume civ, 29.)

Il va sembler à nos lecteurs qu'il y a quelque hyperbole dans ce titre. Il y en a, en effet, mais moins qu'on ne le croirait. Car il n'y en aurait plus du tout, si, au lieu de cent morceaux, nous nous étions bornés à dire quatre-vingt-treize. Quatre-vingt-treize morceaux!... — Oui... ni plus, ni moins : c'est le chiffre officiel. Et encore, chacun de ces morceaux est une véritable petite planète, une planète télescopique. Ce n'est pas, on le voit, bien loin de la centaine ; et, au train dont les découvreurs de mondes y vont quelquefois, il pourrait bien se faire que dans quelques semaines ou dans quelques mois tout au plus, on eût découvert de cette malheureuse planète plusieurs mor-

9

ceaux de plus, de sorte que notre titre ne fût plus que la stricte vérité.

Passons du chiffre des morceaux au fait lui-même. Comment le sait-on, ce fait? Où sont-ils ces fragments? Sur quelle autorité s'appuie-t-on pour accepter cette étrange affirmation? Pourquoi? Quand? De quelle manière?... Que de questions vous dressez devant moi, sans me donner le temps de répondre à aucune. Vous déroulez ce vers si cher aux rhétoriciens :

Quis, quid, ubi, quibus auxiliis, cur, quomodo, quando?

Mais je ne répondrai pas comme eux par des lieux communs.

Venez et voyez : j'ouvre l'Annuaire du bureau des longitudes. Je n'ai pas besoin d'aller bien loin pour cela. *La connaissance du temps* et son fidèle extrait se trouvent à l'Observatoire sur toutes les tables, sur tous les bureaux ; je n'ai eu qu'à étendre la main, ma preuve est là.

Que de petites planètes ! Quel catalogue! Pour leur trouver des noms, il a fallu que la mythologie, la géographie, l'almanach des cours fournissent leur contingent. Écoutez plutôt : Cérès, Pallas, Junon, Amphitrite, Vesta, Thémis, Proserpine; ensuite Victoria, Eugenia, Lætitia, Alexandra, Maximiliana ; ensuite Europa, Asia, Ausonia, Hesperia, Phocea, Nemausa, Lutetia, etc. Le total que j'ai sous les yeux n'est, il est vrai, que de quatre-vingt-quatre. Je suis loin de quatre-vingt-treize. Aurai-je encore été hyperbolique et me faudra-t-il faire encore amende honorable? Mais non,

car quatre-vingt-quatre est le chiffre de l'annuaire de
mil huit cent soixante-six, et cet annuaire était rédigé
quelques mois au moins avant d'être publié, et, dans cet
intervalle nécessaire entre la rédaction et la publication,
quelques astéroïdes de plus seront venus se joindre
à leurs compagnons; sans parler de la quote-part de
l'année courante. Le chiffre s'en va toujours augmentant et ajoutant chaque fois quelque fleuron à la couronne des heureux chercheurs qui ont pu, comme Ar-
chimède, s'écrier *Eureka !*

Depuis 1856 seulement, si l'on prend la peine d'ac-
coler aux noms de ces illustres, le nombre des petites
planètes qu'ils ont pu découvrir, ainsi que le lieu de la
découverte, voici sur trois colonnes le résultat qu'on
obtient :

Piazzi.	une.	à Palerme.
Olbers.	deux.	à Brême.
Goldschmidt. .	cinq.	à Paris.
Chacornac. . .	une.	à Marseille.
Le même. . .	quatre.	à Paris.
De Gasparis. .	sept.	à Naples.
Hind.	dix.	à Londres.

Mais je pressens une objection que je ne voudrais
pas laisser s'épanouir. Voilà des planètes bien constatées, soit : or, votre intitulé dit des morceaux, ce qui
implique un morcellement, une fracture... Comment
sait-on... et comment prouve-t-on cette fracture ? Voilà
le nœud de la question.

Ne me trahissez pas... Je m'en vais vous le dire en
confidence... Ce n'est qu'une pure hypothèse.

Une pure hypothèse !... Pardon, mais d'après les principes, la science ne veut que des faits, n'admet rien que sur preuve, se fait gloire de sa méthode expérimentale, c'est-à-dire basée sur des faits bien établis, et voilà que sur ce point une hypothèse la satisfait ! La science taxe les faits de l'ordre religieux d'être hypothétiques, et la voilà prise en flagrant délit d'hypothèse et d'avoir ainsi deux poids, deux mesures !

C'est une petite inconséquence, il faut bien l'avouer : ce qui peut être dit comme circonstance atténuante du délit, c'est que l'hypothèse est extrêmement probable. — Nous voudrions bien savoir sur quoi s'appuie cette extrême probabilité.

Vous allez le comprendre. Depuis longtemps l'on s'était aperçu qu'une certaine proportion existe entre les distances moyennes respectives de chacune des planètes au soleil. Mercure, Vénus, la Terre et Mars sont éloignées de l'astre central, selon une certaine progression dont la loi était connue. Cette même loi reprenait à Jupiter, et s'étendait à Saturne, à Uranus. C'était parfaitement réglé et fort commode. On appela cette règle la loi de Bode, ou d'après les anciens astronomes la loi de Titius. Cependant une exception inexplicable existait entre Mars et Jupiter. La loi de Titius réclamait une planète à cette place. La planète manquait. Qu'était-elle devenue, et comment expliquer cette lacune ? Grand embarras pour les astronomes ! Ils n'aiment pas, on le sait, les exceptions aux lois réputées immuables de la nature.

Au commencement du dix-neuvième siècle, juste le premier janvier 1801, dans la zone désignée, Piazzi découvre Cérès, malgré son minime volume (son diamètre dépasse à peine la grandeur de l'une de nos anciennes provinces). Olbers découvre Pallas deux ans après. Deux ans après encore Harding découvre Junon. Vesta, peu de temps après, vint rejoindre la cohorte, qui s'augmentant, ne tarde pas à opérer son entrée sur la scène de la science. Toutes à peu près dans la même zone, bien que décrivant des orbites d'ampleur variée, quelques-unes ayant des disques anguleux, comme il arriverait aux morceaux d'une planète cassée.

En outre, les oracles de la haute mécanique ayant été consultés, répondirent que si l'hypothèse était vraie, chacun des fragments devait, pendant sa révolution entière, venir repasser au point même de l'espace où la rupture avait eu lieu. Or, cette condition se trouva remplie; l'hypothèse en acquit un degré toujours plus grand de probabilité. Les astronomes regardent donc ce point comme un fait acquis, et quiconque a suivi assidûment les cours publics de l'Observatoire, a pu en entendre l'exposition. Le titre de ce chapitre ne peut donc être taxé de témérité. Entre les orbites de Mars et de Jupiter, une planète, on ne sait quand, on ne sait par quelle catastrophe, a été mise en pièces; ses fragments, dont la totalité, selon toute probabilité, n'a pas encore été signalée, circulent dans l'étendue, et, d'après les lois de l'attraction, autour du soleil; entrelaçant leurs orbites de telle sorte, qu'à chacune de leurs révolutions, ces orbites occupent le point même où, soit par choc, soit par explosion, la planète primitive trouva sa perte.

Mais d'importantes conclusions peuvent être tirées de ce fait :

Qu'ils viennent maintenant, ces détracteurs de Dieu et de la religion, qu'ils viennent nous affirmer l'éternité des mondes ; qu'avec un dédain superbe, ils objectent l'immutabilité des lois de la nature, contre toute intervention extraordinaire du bras tout-puissant ; pour toute réponse nous leur montrerons dans ces télescopes qui se dressent ici tout autour de nous, Cérès, Pallas, Thémis, Junon, ces débris d'un globe qui n'est plus. A leurs misérables railleries contre un saint apôtre de ce qu'il a prédit les éléments *dissous et embrasés*, et les *cieux s'écroulant* avec le *fracas* d'une *effroyable tempête*, nous répondrons en montrant ces saisissantes ruines que le ciel charrie comme un avertissement. Puis nous leur demanderons s'ils sont bien sûrs que notre terre ne porte pas en elle quelques germes cachés de destruction ; si la rencontre de quelque comète ne pourrait point, quoi qu'on en ait dit, l'asphyxier, l'entraîner ? Si ces puissantes vapeurs qui quelquefois secouent son écorce réputée solide, portant l'épouvante, encore tout récemment, depuis le continent massif de l'Afrique, jusqu'aux îles éparses de la Méditerranée, ne pourraient pas nous atteindre, et généraliser leur action destructive. Ces forces incalculables qui, de l'aveu même de la science, ont jadis soulevé les masses colossales du Gaurisankar et du Chimborazo, du mont Blanc et de l'Himalaya, ont-elles perdu leur puissance ? Ce feu central que tant de symptômes manifestent, que quelques myriamètres seulement séparent de la plante de nos pieds, aurait-il besoin de beaucoup d'efforts, même sans recourir au surnaturel et à l'ordre de Dieu, pour ouvrir d'innombrables issues à ses laves, pour en inonder les habitations humaines et les changer en solitudes incendiées?

Que de causes possibles, probables même, pourraient dans un moment inconnu, mettre en lambeaux notre globe de péché, et disperser ces lambeaux, les assimilant à ceux de la planète dont la place est demeurée vide : phénomène terrifiant à la fois et fécond en austères enseignements!...

Notre Dieu aussi est un feu consumant ; c'est une chose terrible de tomber entre ses mains. Prenons garde à nous, de peur que ce jour ne nous surprenne tout à coup. (Hébr., xii, 29; Hébr. x, 31; Luc. xxi, 34.)

II

LE MÉDECIN D'ORGÈRES

> Il enseigne sa voie aux humbles.
> (Psaume xxv, 9.)

Au premier coup d'œil peut-être, l'anecdote scientifique que ce titre rappelle ne semblera pas se rattacher à l'Observatoire par des rapports très-directs ; nous en jugeons, nous, tout différemment ; l'influence qu'exerce au loin tout autour de lui ce vaste établissement nous paraît difficile à nier. Plusieurs esprits ont dû y trouver une inspiration féconde. Le docteur L'Escarbault n'est pas le seul qui, après l'avoir vu, se soit senti heureux de consacrer ses heures de délassement à la science attrayante du ciel.

Vie simple et recueillie que celle du digne médecin d'Orgères ; mais vie dont les aspirations n'étaient point emprisonnées dans un cercle uniforme et étroit. Les devoirs de sa profession furent toujours remplis avec un dévouement incontesté. « Il aimait trop les astres.» C'est tout ce qu'ont pu dire à sa charge, non point ses détracteurs (il n'en connut jamais), mais ses amis, de qui la constante affection eût ambitionné des rapports plus fréquents avec un homme aussi aimable qu'il savait l'être.

On s'est également étonné qu'il cultivât à la fois et fit marcher de concert deux sciences ayant peu de rapports l'une avec l'autre, comme si de nombreux points de contact n'existaient pas entre toutes les connaissances humaines. La vérité, objet commun de leurs recherches, est une. Les sciences ont une méthode, une philosophie qui est au fond la même pour toutes; et les règles logiques par lesquelles on établit le diagnostic d'une fièvre typhoïde ou d'un anévrisme sont les mêmes qui président à la découverte d'une planète.

Le corps de l'homme est un petit monde (*microcosmos*). Dans un cercle plus borné, il manifeste autant de merveilles que l'infini des cieux. L'étude de l'un de ces univers peut conduire à l'autre. Même sagesse créatrice, mêmes desseins paternels dans tous les deux; il est aussi satisfaisant et il n'est pas plus difficile de comprendre la savante harmonie de la lumière avec l'œil que celle de la variété des saisons avec l'obliquité de l'écliptique. Un accord admirable règne entre la double circulation du sang et les gaz dont ce fluide se nourrit ; non moins admirable est la combinaison qui fait naître des circuits des vents le bienfait de l'irrigation du globe.

Si donc deux sciences, deux filles de ce *Dieu qui est lumière*, ont été recherchées et patiemment courtisées par un même esprit, qui aurait le droit d'en être surpris?

Quoi qu'il en soit, le médecin d'Orgères était depuis longtemps astronome que le monde savant ne s'en doutait pas. Malgré la modicité de ses ressources il s'était construit une sorte d'observatoire. Il l'avait muni d'un toit rotatif, d'une lunette astronomique, d'un chronomètre tel quel ; de ses propres mains, il s'était fabriqué un cercle divisé de carton. C'était suffisant pour commencer des observations. Les siennes s'étaient trouvées bonnes ; il les avait dirigées vers la question du jour. Le vent soufflait vers les nouvelles planètes. Grâce à la puissante analyse de M. Le Verrier, on soupçonnait qu'il y avait quelques corps planétaires entre le Soleil et Mercure qui troublaient la marche de ce dernier. C'est de ce côté-là que M. L'Escarbault avait dirigé sa persévérante étude.

Il avait eu du bonheur. Le 22 décembre 1859, le directeur de l'Observatoire recevait du médecin d'un obscur village l'annonce d'une planète récemment découverte : un petit corps obscur avait été vu quelques jours avant, traversant le disque du soleil. Ce ne pouvait être qu'une planète. La durée du passage, la distance au soleil, la méthode suivie, l'espérance de pouvoir bientôt déterminer les autres éléments du nouvel astre, tout cela était mentionné et la gloire de la découverte était modestement attribuée à M. Le Verrier lui-même, comme l'ayant le premier fait pressentir.

L'amour de la science ne connaît point de retard. Quitter ses travaux, se rendre à Orgères, visiter lui-même ce modeste découvreur de mondes dans un village qui ne possède pas six cents âmes, fut pour le directeur de l'Observatoire une décision prompte ; constater scientifiquement la réalité du fait, un irrésistible besoin !

Le doute ne pouvait exister. Le savant directeur vérifie tout. Il ne tarde pas à communiquer à l'Académie des sciences la trouvaille non-seulement d'un nouvel astre, mais d'un nouveau savant, humble et obscur ; il exhibe la planche plusieurs fois rabotée, mais encore chargée de calculs, sur laquelle, à défaut d'encre, de papier et de temps surtout que réclamaient ses malades, l'astronome-médecin notait, inscrivait, supputait, puis, après avoir mis ses conclusions en lieu sûr, passait le rabot afin qu'elle fût apte à un nouveau service, cahier à la fois économique et original.

La connaissance de pareils faits élève le cœur. De la part d'un savant du premier ordre, accepter et faire valoir la découverte d'un inconnu, d'un homme étranger aux corps savants, découverte qu'il eût été si facile de revendiquer pour soi ou pour des protégés ; mettre de côté tout esprit de corps, tout sentiment de vaine gloire ; car on sait trop ce qui se passe au sein des corporations savantes, quelles coteries s'y forment, quelles petites jalousies s'y fomentent, quelles coalitions s'y ourdissent ! Eh bien, ne rien connaître de tout cela, congédier toute petitesse, se sentir assez riche pour tendre la main à un de ces petits qui s'élève ; je trouve que c'est beau... le beau moral associé au beau intellectuel !... c'est digne d'un nom illustre. Chargé déjà d'honneurs, on s'honore par là encore davantage.

Grandeur morale des deux côtés, car être inventeur et demeurer simple, au milieu des échos qui retentissent de votre nom ; conserver intacte la modestie, atténuer, comme le fait le médecin d'Orgères, dans une lettre à son ami M. le docteur Dufay de Blois, atténuer

la valeur d'une vérité, d'un fait de science qu'on a mis
au jour et, au risque d'être pris au mot, n'en attribuer
le mérite qu'aux calculs analytiques de M. Le Verrier,
c'est là un exemple assez rare pour être admiré.

Alors que les collègues du docteur, heureux d'une
gloire qui se reflète sur le corps médical parisien tout
entier, veulent en solenniser l'anniversaire par un
banquet offert au savant qui vient de se révéler parmi
eux, c'est beau à lui de décliner un tel honneur et de
se soustraire à cette ovation par un refus. Qu'il éprou-
vât ou non la crainte de voir les résultats n'être pas
confirmés par le temps, seul juge définitif des découvertes, sa modestie n'en est pas moins digne d'é-
loge.

Sept ans se sont écoulés depuis l'anecdote que nous
venons de rapporter; et la science n'a pu encore inscrire
définitivement dans ses annales la découverte de M. le
docteur L'Escarbault. Depuis deux ans à peu près, un
autre observateur, monsieur Coumbary de Constanti-
nople, a cependant signalé un corps passant devant le
disque du soleil. Ce ne peut être qu'une planète. Mais
est-ce celle que découvrit notre digne et savant médecin? Ce qui en fait douter, c'est que la durée des passages n'est pas à beaucoup près identique.

L'avenir dira probablement le mot de cette énigme.
Qu'il suffise au digne médecin d'Orgères de se souvenir que sa planète intra-mercurielle peut être soumise
à telles dispositions astronomiques encore peu analysées, qui ne lui permettent pas de se montrer sur le
disque du soleil à chacune de ses révolutions. Il ne lui
faudrait, ce me semble, pour cela qu'une orbite, dont

le plan fît un grand angle avec l'écliptique, et une ré-
trogradation des points équinoxiaux qui n'amenât
Vulcain (c'est le nom de l'astre découvert), sur le
disque solaire qu'après un temps périodique assez
long et encore inconnu.

Au surplus la notoriété acquise aux observations
de M. L'Escarbault et à ses calculs est déjà un titre suffisant pour que son nom prenne une place des plus
honorables dans les annales de la science contemporaine. L'approbation du savant qui a pris sous son haut
patronage les observations faites à Orgères aurait de
quoi contenter l'ambition la plus exigeante. Soyons
sûrs que le médecin d'Orgères est satisfait.

Deux enseignements découlent de ce récit : l'un nous
est fourni par l'expérience, l'autre par la révélation.
D'abord, tout travail sérieux et assidu finit par aboutir.
Ensuite, *Dieu enseigne sa voie aux humbles*. Que cette
double leçon soit mise à profit.

III

DEUX MIROIRS OU DIEU SE RÉFLÉCHIT

> La religion et la nature sont les deux filles du
> même père; elles ne sont jamais en mésaccord.
> (Saint Augustin, *Veilles.*)

> Soleil de la nature et soleil de la grâce,
> Astres étincelants, splendeurs que rien n'efface!
> (Le pasteur Vidal, *Mélodies.*)

Nos visiteurs après la halte de madame Sutterville dont nous avons dit ailleurs le bon emploi, continuaient leur promenade, ils virent bientôt s'approcher d'eux à pas lents deux personnages graves de mise et de maintien. Le plus âgé ne semblait pas leur être inconnu.

C'était effectivement le vénérable pasteur J... de Paris. Il avait plusieurs fois visité leur demeure, leur avait apporté, à l'occasion de leur épreuve, les consolations de la religion, avait prié avec eux au logis et au temple; par son ministère béni la blessure de leur cœur avait été, sinon guérie, du moins adoucie.

Après les salutations d'usage, après avoir dit à madame Sutterville qu'il était heureux de la rencontrer avec ses enafnts dans le sanctuaire de la science, il lui présenta son compagnon. C'était un membre du clergé anglican, recteur d'une des paroisses près de Cambridge, homme fort versé, ajouta-t-il à voix basse, dans les sciences naturelles, et de qui le savoir et la piété étaient fort estimés dans son pays. Il était venu visiter la France et sa capitale, en poursuivant des études sur les questions actuelles : bien différent de plusieurs de ses compatriotes, il était d'un abord facile et prévenant.

Un peu rassurée, madame Sutterville prit la parole. Je suis sûre, dit-elle, de ne pas commettre une indiscrétion, puisque une occasion si favorable m'est offerte, en vous demandant, messieurs, dans l'intérêt de mes chers enfants si cette science que tout nous rappelle ici est capable de conduire notre âme à Dieu, et s'il n'y a rien à appréhender pour des cœurs mal affermis encore, des conclusions qu'elle tire quelquefois de ses recherches.

Le révérend Recteur. — Je pose deux affirmations devant les questions que vous m'adressez, madame. Oui, il y a lieu d'appréhender beaucoup des conclusions que la science athée ou sceptique place devant les yeux des âmes mal affermies. Et encore oui, la science modeste et soumise au vrai langage de la nature est capable de nous conduire aux pieds de Dieu.

Madame Sutterville. — Je crois vous comprendre, monsieur, semblable à tous les autres dons de Dieu, la science peut avoir son bon emploi, son mauvais aussi; l'un aussi avantageux que l'autre est funeste. Ai-je fidèlement traduit votre pensée, monsieur?

Le Recteur. — Très-fidèlement, pourvu que vous consentiez à compléter votre interprétation.

Madame Sutterivlle. — Votre courtoisie ne me refusera pas de me dire quelle est la lacune que j'ai commise, puisqu'elle a bien voulu m'en signaler l'existence.

Le Recteur. — La voici : Grand moyen que la science pour faire naître la conviction de Dieu ! A une condition néanmoins, c'est que les petitesses de la vanité, l'orgueil et les intérêts inférieurs seront exclus des recherches. Si ces passions reçoivent audience et faveur, tout est compromis; on vogue sur une mer sans rivages recouvrant des abîmes; les naufrages se multiplient.

Le Pasteur J... — De ces naufrages quant à la foi, combien d'exemples on pourrait évoquer, en France surtout !

Le Recteur. — Chaque peuple fournirait un contingent bien ample de pareils sinistres. Mais avec la condition par moi, stipulée; si elle est loyalement tenue, tout est changé d'aspect. La science met sa force et ses découvertes au service de la religion, lui prête ses méthodes, corrobore les vrais fondements de la croyance. Elle découvre des merveilles qui prouvent Dieu avec plus de force et montrent sa sagesse avec plus de précision ; en constatant la permanence et le maintien des grands équilibres de la création, elle proclame la fidélité du Père céleste ; elle fait entrevoir son amour par mille préparations, mille sollicitudes, mille joies dont il a entouré même les existences d'ordre inférieur. Voilà ce qu'on verra plus nettement quand cette crise que nous traversons sera dissipée.

Madame Sutterville. — Les perfections invisibles de

Dieu se verront comme à l'œil, quand on aura considéré ses ouvrages avec les dispositions qu'il faut apporter à leur étude.

L'Institutrice. — Votre accent convaincu, monsieur, et l'autorité du grand apôtre que madame vient d'invoquer dissiperaient tous mes doutes, si je pouvais en conserver; je voudrais néanmoins par quelques nouveaux détails sur ce sujet, me mettre mieux en état de répondre aux attaques d'un matérialisme qui me paraît envahir notre littérature et notre époque. J'ose espérer que votre bonté et votre zèle chrétien voudront bien ajouter quelque chose de plus.

Le Pasteur J... — Je prends la parole avant mon digne ami. Il m'excusera et m'en dédommagera plus tard, en complétant ce que j'aurai dit. Dieu me paraît démontré par la nature, son œuvre. C'est un magnifique début que celui de Moïse. *Au commencement Dieu créa les cieux et la terre.* La puissance créatrice de Dieu se fait voir là. La masse indigeste et monstrueuse du chaos débrouillée, des corps arrondis et lancés dans d'immenses orbites; une prodigieuse vitesse imprimée à leurs masses; la lumière obéissante faisant son apparition dans l'univers, quelle puissance cela implique! Mais quelle sagesse se manifeste dans l'Ordonnateur de ces infinis en volume, en masse, en espaces parcourus, en vitesse pour les parcourir, infinis si bien agencés que jamais ils ne se troublent, ni ne se dérangent, ni ne se ralentissent, ni ne se heurtent, ni ne s'enchevêtrent : leurs mouvements les plus compliqués s'exécutent avec un ordre parfait, avec un accord dont l'harmonie est d'une beauté suprême.

Sa bonté n'est pas moins évidente; venez la voir dans ces myriades de créatures qui s'agitent, heureuses au sein des eaux. Voyez-la aussi dans cette troupe aérienne qui, sur vos têtes, repue et contente, trace à grands cris des cercles joyeux. Le sourire heureux de ce bel enfant, qui, sur les genoux de sa mère la contemple et en est contemplé, image suave et pure de paix et d'espérance ; à cette vue, le Dieu *souverainement heureux* semble nous dire qu'il se complaît à communiquer son bonheur.

Qu'elle soit ou touchante, ou sublime, ou sévère, ou même terrible, la nature est toujours un des miroirs où Dieu se laisse discerner, où son caractère divin se dévoile, où sa providence et ses autres attributs reluisent d'un éclat splendide.

L'Institutrice, s'adressant au pasteur. — Me permettez-vous, monsieur, en vous remerciant, de vous le dire : le langage calme du savant que vous venez de nous faire entendre traduit exactement l'enthousiasme du poëte :

> Les cieux instruisent la tèrre
> A révérer leur auteur,
> Tout ce que leur globe enserre,
> Célèbre un Dieu créateur.
> Quel plus sublime cantique
> Que ce concert magnifique
> De tous les célestes corps?
> Quelle grandeur infinie,
> Quelle divine harmonie
> Résulte de leurs accords?

Augustin. — Quelles objections les écoles de la négation et du doute peuvent-elles soulever contre de telles raisons et de tels sentiments ?

LE RECTEUR. — Les objections, mon jeune ami, ne manquent jamais ; leur source intarissable est dans le cœur naturel de l'homme. C'est à nous d'apprendre à tenir pour vraie une doctrine raisonnable, malgré les objections qui se dressent contre elle. Sans cela le scepticisme nous gagnerait aussi, la vérité déserterait cette terre.

MADAME SUTTERVILLE. — Je craignais d'avoir commis une imprudence en conduisant ma famille en un lieu où la science trône en souveraine, vous m'avez rassurée. Les notions qu'ils acquerront encore ici peut-être, n'amoindriront pas je l'espère leur foi en Jésus-Christ.

Il faut que j'use d'une entière franchise. Ce Dieu que la science me montre dans l'univers, ne me semble pas être tout à fait le Dieu de l'Évangile. Mon cœur aspire à quelque chose de plus complet. Un Dieu qui soit plus près de moi, qui sympathise davantage avec ma faiblesse, à qui je puisse la dire, cette faiblesse, et qui me réponde avec amour : *Mon enfant !...* C'est là le Dieu que je ne trouve pas ici. Oh ! que je le trouve mieux dans l'Évangile !

LE RECTEUR. — Madame, vous avez bien parlé ! Que votre cœur se tranquillise tout à fait. L'évangile seul *est la puissance de Dieu pour le salut.* La science de la nature est loin d'avoir ce privilége. Elle manifeste Dieu comme l'Être grand, puissant, sage et plein d'amour, c'est déjà beaucoup pour l'époque sceptique que nous traversons. Que ne peut-elle cette science, atteindre ce but d'une manière plus complète encore ! Ne soyons cependant pas ingrats vis-à-vis d'elle. Au point où elle nous conduit, il ne faut pas un grand appareil de raisonnements pour aller plus loin. Cet Être, ainsi démontré, pourrait-il délaisser son ouvrage sans se démentir ? L'ensemble et les détails les plus minutieux de cet immense organisme sont également sa création, l'œuvre en laquelle il s'est complu. On déduit de là très-légitimement une sollicitude de père; un tendre intérêt en faveur des sociétés humaines, des familles, des individus, de ceux qui souffrent surtout. Ce n'est plus le Dieu indifférent, inactif de Spinosa et d'Épicure, encore moins le dieu-Nature des panthéistes, c'est presque le Dieu personnel, aimable et adorable prêché par Jésus-Christ. On y touche ; encore un pas : grâce, rédemption, justification en croyant; communications d'en haut par l'Esprit, efforts vers l'idéal... prière et vigilance. Le port est ouvert, Jésus-Christ vous a tendu ses bras, il vous y a reçu.

Le Pasteur J... — C'est bien ainsi que je le conçois, ô mon digne ami; le monde des esprits, l'univers moral me préoccupe à un haut degré : la pensée de Dieu dans mon âme est inséparable de celle d'un réparateur de la déchéance de ce monde moral ; c'est Jésus-Christ, le Sauveur ! Avoir déployé tant de puissance et tant de sage sollicitude pour organiser l'élément visible, pour le conserver... et en faveur des âmes, en faveur de ces forces invisibles mais actives, intelligentes, aimantes, immortelles... et compromises, c'est-à-dire perdues... ne pas les rappeler au bien, les évangéliser, les sauver par un rachat mystérieux, par le sang répandu sur une croix... ne pas tenter cela ! C'eût été indigne du caractère que tous les siècles, tous les peuples, toutes les révélations ont esquissé comme appartenant au Saint des Saints.

Je pose cela comme un axiome incontestable dans son évidence et les déductions les plus simples et les plus élémentaires vont en sortir.

MADAME SUTTERVILLE. — Se tournant vers Augustin et vers Hélène : Je lis sur vos physionomies, ces déductions, chers enfants; mon cœur en glorifie Dieu avec ferveur.

AUGUSTIN. — Le Sauveur que proclame l'Évangile va découler abondamment de *cette source ouverte*, dit l'Écriture, *pour abolir le péché*. Oh ! qu'il doit être doux de se savoir réconcilié, de se sentir pardonné et aimé ! Le privilége accordé aux chrétiens de devenir amis de leur Sauveur, de se rapprocher de lui, de se confondre avec lui, en une communion de sainteté et d'amour, doit être une joie ineffable, un Éden ici-bas.

LE PASTEUR J... au Recteur. — On est heureux, n'est-ce pas, mon cher et honorable ami, d'être compris de la sorte.

LE RECTEUR, bas au pasteur J... — Oui, mais vous avez remarqué la tacite restriction de M. Augustin.

LE PASTEUR J... — Laquelle ? Je n'ai rien remarqué...

LE RECTEUR. — Demandons à M. Augustin.

LE PASTEUR J... — Voulez-vous lui faire la demande vous-même ? Cela vaudra mieux, puisque c'est vous qui, le premier, avez fait la remarque.

Le Recteur. — Je vous crois, M. Augustin, un loyal jeune homme et ma franchise ne saurait vous blesser, (loin de moi cette intention !) si je vous demande pour quelle raison vous avez employé ces restrictions : « qu'il *doit* être doux ! et, ce *doit* être une joie ! »

Augustin. — A d'autres qu'à vous, pasteurs vénérés, je ne reconnaîtrais pas facilement le droit de s'enquérir ainsi de mes sentiments intimes en fait de croyance. Mais à vous, c'est tout différent. Je réponds : Ces expressions, objet de votre remarque, je les ai employées parce qu'elles traduisent mon véritable état. Je me le suis promis, alors qu'il s'agit surtout des choses de Dieu, de ne jamais permettre à mon langage d'aller au delà de ma pensée. Ne rien exagérer, dire ce que je crois, ni plus ni moins, sera toujours ma règle. Quand j'aurai fait l'expérience de ces joies, de ces douceurs, l'on verra si j'hésite à le dire tout haut.

Le Recteur, lui serrant la main. — Vous êtes un noble cœur... Vous êtes sur la route qui conduit à Jésus, car vous le recherchez dans son Évangile. Là certainement vous le trouverez. Il ne se laissera par chercher longtemps. Votre droiture, mon jeune ami (permettez-moi de vous donner ce nom), jointe à votre foi persévérante, vous fait déjà l'un des siens.

Lisez et méditez, cher Augustin, l'Évangile ; l'Évangile, cet autre miroir où Jéhovah se réfléchit. La nature dévoilée par la science était le premier ; celui-ci est le second, supérieur au premier, plus pur, plus transparent, plus fidèle. L'image refléchie, ici est entourée d'un amour plus touchant, plus complet. Il nous mène bien plus loin dans le mystère d'un Dieu *manifesté en chair;* il nous fait pénétrer plus profondément dans l'océan de la grâce et de l'amour divin. L'Évangile et les faits sur lesquels il ne laisse planer aucun nuage de doute nous le font voir se donnant dans son verbe incréé. Pour notre relèvement, une mort imméritée est subie, un horrible sacrifice est accompli; mais ces horreurs nécessaires rachètent seules le pécheur, effacent seules le péché en le punissant, redonnent seules les aptitudes perdues, la force, la sainteté, la vie.

Hélène. — C'est une assurance d'un prix infini; on ne la trouve pas dans la science. Le Dieu de l'Évangile nous admet dans son intimité! Il écoute, il répond, il console. Ah! *c'étaient des choses que l'œil n'avait point vues et que l'oreille n'avait point entendues; elles n'étaient point montées au cœur de l'homme.*

Susanne. — Mais, de ces deux miroirs, dis-le-moi, bonne mère, je t'en prie, quel est celui que je dois étudier, moi, pour mieux plaire à ce bon Père céleste? Est-ce l'univers, où, dans toutes les leçons que tu me donnes, tu m'apprends à comprendre les beautés qui sont à ma portée? Ou bien est-ce l'Évangile, ce livre si doux et si touchant que tu nous lis chaque soir pendant le culte, et que tu nous expliques toute la journée en le pratiquant. Deux miroirs... c'est comme qui dirait deux voix... eh! bien, laquelle des deux dois-je écouter? ma question, cette fois, est très-sérieuse...

Madame Sutterville. — Écoute-les l'une et l'autre, mon enfant, car elles tendent au même but. La voix de cette admirable nature, si tu sais l'écouter, te mènera déjà assez loin pour que tu fusses *inexcusable,* comme dit saint Paul, de n'en pas profiter. Là où elle t'abandonne, l'autre voix se fait ouïr, plus maternelle, plus pénétrante. Quels accents elle a pour redire la sympathie de ton bon Sauveur, la délivrance ineffable qui vient de lui!

Susanne. — Je suis bien ignorante, et la science me fatigue extrêmement, car on n'a pas toujours ces belles choses à visiter; si je ne pouvais connaître Dieu et apprendre à l'aimer que par le moyen de l'Évangile, cela me suffirait, n'est-ce pas?

Le Pasteur J... — Si cela vous suffirait? Oh! n'en doutez pas, chère amie. C'est la route royale, la plus sûre et la plus directe; la route qu'ont suivie les apôtres, ces âmes simples et grandes qui ont conquis le monde, la route des martyrs, des saintes femmes et des enfants, et de la presque totalité des rachetés.

L'Institutrice. — Saint Paul n'a pas voulu prêcher la science humaine, il lui préfère la folie de la croix. *Vous êtes sauvés par grâce, par la foi, cela ne vient pas de vous, c'est un don de Dieu*, ce mot sublime a traversé les siècles.

Le Recteur. — Madame, le temps s'est écoulé rapide; auprès de vous et de vos aimables enfants. Il nous faut prendre congé. Ce don ineffable que mademoiselle vient de mentionner demeurera et se multipliera sur une famille que vous dirigez ainsi. C'est ma ferme espérance, mon vœu et mon adieu chrétien.

Madame Sutterville. — Chers et honorés pasteurs, nos actions de grâces vous accompagnent, ainsi que nos prières.

Augustin, après leur avoir dit : Adieu messieurs,

se tourne vers sa mère et dit : L'excellente rencontre !
va ! mère, je me souviendrai, je t'assure, des deux miroirs où Dieu se réfléchit.

Madame Sutterville, à tous ses enfants. — N'oublions
pas surtout que *c'est l'Évangile* reçu dans le cœur *qui
est la puissance de Dieu pour le salut de ceux qui croient.*

IV

ESSAI DE RÉHABILITATION

> Notre loi condamne-t-elle quelqu'un sans l'avoir ouï?
>
> (Évangile de saint JEAN, VII, 51.)

Je causais avec un de mes amis sur l'espèce de discrédit où sont tombées aujourd'hui les causes finales; car il est bien petit le nombre des hommes instruits qui daignent les mentionner dans leurs ouvrages; et parmi les savants qui fréquentent l'Observatoire, il n'est pas à ma connaissance que l'on puisse en citer un seul.

Je rappelais à cet ami ces beaux livres de ma jeunesse dont les auteurs, luttant avec courage contre le courant envahisseur des négations, se délectaient du petit reste de croyances qui surnageait encore. A quelle cause, lui demandais-je, faut-il attribuer cette déconsidération des causes finales en face de la science du jour.

Dans notre entretien étaient intervenus des noms illustres : Pascal, Jean-Jacques Rousseau, Bernardin de Saint-Pierre, Charles Bonnet avaient été mentionnés, comme croyant tous aux desseins bienfaisants de Dieu dans la création de cet univers.

Il me répondit :

— La défaveur où sont tombées les causes finales a deux origines :

La première, c'est l'abus énorme et souvent ridicule qu'on en a fait.

La seconde, c'est qu'en réalité se préoccuper d'elles n'est point conforme à la vraie méthode scientifique. Poser comme axiome, dans l'étude d'un fait ou d'une loi, que les choses ont dû être de la sorte, parce qu'ainsi elles répondent au caractère de bonté et de sagesse bien connu du Puissant Ordonnateur, c'est peu logique. On introduit par là dans la question étudiée une prévention, un parti pris peu favorable à la recherche du vrai. La table rase du vrai philosophe n'existe plus. La netteté de la pensée peut être troublée par une affection du cœur, et la science perdre l'impartiale neutralité avec laquelle, la balance à la main, elle doit tout peser et tout juger.

— Quoi ! répliquai-je, ne pourrait-on conserver cette table rase si précieuse aux savants, à ce qu'ils prétendent du moins, sans se priver du bénéfice d'être content de Dieu, quand on a découvert quelqu'un de ces desseins magnifiques dont la création rend témoignage à voix si haute !

— Vous avez bien raison, me répondit mon ami, il doit y avoir là une source de pures satisfactions : Il ajouta… *après* le travail de la science, mais non *avant* : l'un est l'usage légitime d'une bonne pensée, l'autre est le mirage qui peut s'y rattacher et produire l'erreur.

— A ce compte, dis-je à mon tour, les causes finales

ne seraient qu'ajournées et devraient reparaître à l'heure qu'on leur assigne. Cette audience leur est-elle enfin accordée, en réalité ?

Mon ami en souriant :

« Je crains que non : il est triste de dire que cette rigueur de méthode et d'ordre logique pourrait n'être, pour quelques-uns, qu'un voile derrière lequel se dérobe aux regards un tout autre sentiment. »

— Moi :

« Alors vous n'approuvez pas ce procédé. »

— Mon ami :

« Les réserves admises, je ne l'approuve pas. L'approuver ce serait, pour ma part, me sevrer des plus douces satisfactions de l'esprit : Celles qui naissent de la vue des sollicitudes divines dans l'arrangement de cet univers. Il n'y a pas un seul règne de la nature qui ne m'apporte son tribut de ce genre de joies ; chaque district de la création m'en offre des spécimens qui m'enchantent. »

— Moi :

« Vous êtes chimiste ; je devine, cher ami, que vous pensez à vos gaz. Vous me l'avez dit plusieurs fois : il y a dans le mélange des trois gaz principaux dont se compose l'air que nous respirons, des preuves de haute sagesse ; dans leur dosage invariable et savant, des prévisions toutes paternelles ; dans l'usage alternatif et en sens inverse qu'en font les animaux et les végétaux, un équilibre d'une beauté suprême. »

— Mon ami :

« Et vous, mon très-cher, vous avez cultivé l'astronomie et je n'oublierai jamais l'enthousiasme religieux avec lequel vous m'avez plusieurs fois parlé de l'obliquité de l'écliptique, cette habile disposition sans laquelle nous n'aurions plus ni la variété de nos saisons, ni le bénéfice alimentaire de leurs produits. Vous ajoutiez, et cela m'a frappé, que toutes les planètes et leurs satellites possédant à divers degrés la même combinaison, en recueillaient le même bienfait ; d'où vous tiriez le corollaire de leur habitabilité. Et de toutes les fins que Dieu a pu se proposer, laquelle serait, plus que celle-là, logiquement déduite et parfaitement digne de lui ? »

— Moi :

« Je n'ai pas la moindre prétention à être réputé botaniste. Les plantes cependant m'intéressent extrêmement. Rien ne m'est agréable comme de les observer. Ah ! c'est dans ce règne que les intentions de Dieu se voient comme à l'œil. Jésus-Christ attirait les regards des fidèles disciples sur les lis de la campagne et sur le charmant coloris de leur tissu ; me serait-il interdit de considérer l'habile construction des capsules (péricarpes) qui succèdent à certaines fleurs ; les admirables petites boîtes de la digitale, de la stramoine, de la primevère feraient le désespoir des cartonniers et des tabletiers les plus en renom. »

— Mon ami :

« Surtout si leurs coffrets devaient s'ouvrir tout seuls au moment voulu, comme s'ouvrent les coffrets et les étuis végétaux, quand est venue l'heure de la dissémination des graines. »

— Moi :

« Cette dispersion des graines offre si évidemment

un plan raisonné et arrêté, que l'on pourrait avec succès l'opposer aux contradicteurs des causes finales. Il y a en effet du luxe à cet endroit-là. Aigrettes, crochets, hameçons, parachutes, volants, canots de sauvetage, ressorts à détente, rien n'y manque de ce qui est propre à disséminer ce qui devait être disséminé, afin que le savant assolement de la nature pût être accompli. Aveugle, qui ne reconnaît pas les soins et la sollicitude d'un père dans tout cela ! »

— Mon ami :

« Plus aveugle encore, qui n'est pas touché d'un soin plus évidemment paternel, si c'est possible. Prévoyant les maladies sans nombre dont sa créature serait atteinte, où sa main déposa-t-elle le médicament salutaire propre à la soulager ? Dans les imperceptibles cellules du végétal. Là sont des sels, des alcaloïdes précieux ; c'est l'officine du grand médecin. Avez-vous besoin de gommes, de fécules, de sucre, d'alcool ? ici est le dépôt. Vos maux exigent-ils la mannine, le lactuarium, le laudanum, l'atropine, la quinine, la digitaline, la morphine ? N'allez pas les chercher ailleurs. Tout est là. Vous n'avez qu'à apprendre l'art de l'en extraire. »

— Moi :

« L'harmonie sublime des desseins de Dieu n'éclate pas moins dans les animaux que dans les plantes. Si des valvules ont été données aux veines et refusées aux artères, la raison n'en est pas difficile à trouver. Si des organes tels que le cœur, l'aorte, le canal thoracique, le poumon, ces viscères d'une importance si majeure dans notre organisme, ont été abrités dans la

cavité qui les loge, tout le monde en comprend le
motif. Un anatomiste décrit le pied humain ; il y trouve
les trois genres de leviers qu'a reconnus et constatés
la science mécanique. Mais le jeu normal de cet organe
rencontre dans certain cas le poids entier du corps à
soulever, résistance énorme. Eh ! bien, pour la vaincre,
cette résistance, quel est celui des trois sortes de leviers qui a été préféré et disposé ? Celui qui est le plus
puissant des trois. Celui qui seul pouvait s'acquitter
de cette fonction. Le hasard eût-il ainsi choisi ? Ce serait lui attribuer beaucoup de génie. La cause finale
frappe les sens. »

— Mon ami :

« Quelque habile que puisse être un ouvrier, on
peut sans risque lui porter le défi de fabriquer une
machine qui nage aussi parfaitement que le poisson,
qui vole avec autant d'agilité que l'hirondelle. L'organe appelé diaphragme remplit son importante fonction, avec ou sans l'assentiment de chaque personne.
N'est-il pas en effet indispensable que pendant le sommeil l'acte de la respiration s'accomplisse avec autant
de facilité que durant la veille. Judicieuse précaution,
car sans elle... Encore ici la cause finale éblouit les
yeux. »

— Moi :

« Encore une ! Oh ! quelle est saisissante ! La lumière pénètre dans l'œil par la pupille, cette ouverture pratiquée au centre de l'iris. Mais pour obtenir
une vision distincte, il faut qu'une certaine quantité
de lumière arrive à la rétine, ni plus ni moins. Qui
mesurera la dose ? et quel sera le moyen ? Une mem-

brane très-impressionnable sera tendue au-devant de chaque prunelle de l'œil. Il faudra que ses dilatations forcent la pupille à devenir plus petite, et que ses contractions la rendent plus grande ; en effet, l'iris semble avoir reçu ce mandat de Dieu. Avec quelle exactitude il s'en acquitte ! et avec quelle précision, par cet ingénieux moyen, la trop faible intensité de la lumière se trouve augmentée, l'intensité trop forte réduite à une juste mesure. »

Limitons ici le dialogue. Chacun peut le continuer à sa guise. Un gros volume n'épuiserait pas le sujet.

Notre essai aura-t-il réhabilité les causes finales ? nous n'osons nous en flatter, malgré les réserves formulées par les deux vieux amis, à propos de découvertes scientifiques : avant, non... après... oui.

Nous avons toutefois jugé utile de reproduire ces réserves en terminant ce trop long chapitre par ces mots inspirés : *Grand en conseil, admirable en moyens !* (Isaïe, xxviii, 29.)

V

EFFLUVES ET RAYONNEMENTS

> Un vase plein d'un parfum de grand prix.
> (Évangile de saint Matthieu, xxvi, 7.)

Lorsque d'une éminence voisine du rivage vous considérez un vaisseau qui s'apprête à quitter le port, c'est avec un vif intérêt que vous suivez toute la manœuvre du départ.

Depuis le matin déjà, la vapeur se forme dans les flancs noircis de la chaudière. Les matelots sont occupés. Les uns tendent des cordages, les autres lavent le pont du navire, les autres embarquent les effets des voyageurs; plusieurs de ceux-ci occupent déjà leurs places; on se fait des recommandations et des adieux.

L'heure a sonné, un cri a retenti : Relevez les ancres, larguez les amarres, lâchez la vapeur ! Le navire s'agite, les roues à aubes tournent, les quais s'éloignent.

De la hauteur où vous êtes placé, vous voyez ce noble vaisseau, ce vainqueur de l'onde et de l'espace qui, déjà dans le lointain, laisse pourtant deux traces sur son chemin : celle qui tourbillonne dans les airs, en panache abaissé sur les flots ; et celle qui dans les flots mêmes ressemble si bien à un sillon tracé par une puissante charrue qu'on lui a donné le nom de *sillage*.

Le navire est presque hors de vue : mais ses deux traces se distinguent encore ; la vapeur et la fumée sont devenues nuages ; le sillage écumeux n'est plus qu'une ligne longue et étroite, disparaissant peu à peu sous le mouvement des lames qu'on dirait jalouses de l'effacer.

Ne vous semble-t-il pas, en simple et vile prose, que notre Observatoire laisse sous le rapport moral et intellectuel, une sorte de sillage en arrière, un rayonnement tout autour de lui, une effusion de lui-même, qu'on ne saurait méconnaître et qui justifie pleinement, nous allons l'établir par des faits, le titre de ce chapitre.

Ce n'est pas agréable de se répéter, mais nous sommes comme forcé de dire ici que le bureau des longitudes, longtemps confondu avec l'administration de l'Observatoire, se compose encore de plusieurs savants qui coopèrent à la même œuvre scientifique. Nous sommes bien résolu à n'ajouter nulle foi à ces médisants, qui prétendent qu'une sorte de rivalité existe entre les astronomes de l'Observatoire et ceux du bureau de longitudes. (Voyez le *Siècle* du 14 mai, par M. Flammarion.) Pareillement le service météorologique, les stations nautiques, qui tous les jours, au nombre de soixante, si je ne fais erreur, expédient et reçoivent des dépêches annonçant l'arrivée probable sur nos côtes européennes, des bourrasques et des tempêtes qu'amène l'Océan. Voilà déjà des choses importantes qui auraient assez mauvaise grâce à ne pas accepter, l'une la fraternité, l'autre, la paternité de l'Observatoire. En outre, ne devrait-on pas s'inscrire en faux contre quiconque prétendrait que l'association scientifique de France, saluée à sa naissance de tant d'applaudissements, et sous l'inspiration de laquelle en ce moment même, travaillent beaucoup de pionniers inconnus, n'est pas une émanation directe de ce grand mouvement?

Allons à cette fenêtre d'où la vue s'étend vers le nord. Un palais s'offre à nous, dont le noble emploi semble attesté pas les lignes sévères qui le profilent. Eh bien ! n'était la distance, vous apercevriez près des combles, la croisée où se tient un observateur vigilant. Les étoiles filantes sont l'objet de son étude. Il en est sorti une hypothèse sur la prévision si difficile du temps à longue échéance. Les faits, cette pierre de touche de la valeur d'une conjecture, n'ont pas encore confirmé celle-là. Nous voyons bien là une *progénies* de l'Observatoire ; mais nous ne garantissons pas que l'enfant soit né viable.

Prenons l'essor... D'un bond, franchissons l'Empire et ne nous arrêtons qu'après avoir atteint les flots bleuâtres de cette mer qui baigne notre beau midi. Nous voilà à Marseille. A travers les cheminées des usines, les clochers, les temples, la forêt des mâts, entrevoyez-vous une construction dont l'aspect scientifique n'exclut pas quelque fougue méridionale, ni quelque réminiscence des belles époques de l'art grec? Vous le voyez ; mais savez-vous que l'Observatoire a lancé jusque-là son effluve créatrice? Il a fourni des instruments, il a donné ses directions et assuré son patronage. La ruche parisienne a essaimé, et Marseille va entourer l'essaim de tous les éléments nécessaires à sa vie.

Notre vol a-t-il pu franchir la cité d'Isaure sans que nous nous soyons dit : Et là, n'y a-t-il pas aussi un rayonnement? Non que je veuille traiter ce sanctuaire paisible de succursale de celui de Paris. L'indépendance scientifique ne l'a pas voulu. Mais si Toulouse pouvait exprimer l'amertume de ses regrets, elle prononcerait en pleurant un nom vénéré... Et ce savant modeste, trop tôt enlevé... comme il était bien le fils de notre Observatoire impérial! Comme il aimait à en franchir les portes, à en étudier les instruments, comme il s'inspirait des travaux et des découvertes qu'on y faisait, digne et capable lui-même d'ajouter à ce noble héritage par ses propres découvertes... Il n'est plus, la science est en deuil... *Manibus date lilia plenis.*

Si l'Observatoire impérial l'eût voulu, il aurait pu facilement répandre ses effusions triomphantes dans cette enceinte où le pays, coudoyant les têtes couronnées, est venu rendre hommage avec elles à l'industrie et à l'art français. Quel lustre ses télescopes, ses chronomètres, ses équatoriaux eussent ajouté à la merveilleuse exhibition de 1867 ! Il ne l'a pas jugé convenable. Respectons ses motifs. Mais émettons un vœu.

Ce vœu nous est suggéré par notre épigraphe. Quand les rayonnements et les effluves de l'Observatoire lui mériteront-ils d'être assimilé à ce vase plein d'un par-

fum de grand prix dont une pécheresse arrosa les pieds
du Sauveur des hommes? Qu'il se hâte de répandre
sur la France cette odeur de vie seule capable de neu-
traliser chez les peuples les miasmes de la corruption
et de la mort !

VI

UNE JEUNE PERSONNE DEVANT LE TÉLÉGRAPHE

> Ton tonnerre porte les nouvelles.
> (Job, xxxvi, 33.)
>
> Dat sapientiam sapientibus.
> (Daniel, ii, 22.)

C'est de merveilles en merveilles qu'avait marché la famille dont nous suivons les traces à travers les salles, les cours, les jardins de notre monument impérial. Elle avait déjà beaucoup vu, elle avait passablement compris.

Elle s'était arrêtée devant un instrument placé dans un local particulier dont les portes venaient de lui être ouvertes, et là, silencieuse, elle considérait la mystérieuse machine.

Depuis quelques moments la machine fonctionnait. L'employé paraissait fortement attentif. Il appuyait rapidement ses doigts sur une sorte de touche de cuivre; la durée de ces temps d'appui était tantôt lente et tantôt rapide. Un sec cliquetis se faisait ouïr. Sur le derrière de l'appareil une boussole oscillait dans sa cage de verre, puis ses oscillations s'arrêtaient. On voyait une ficelle bleue faisant beaucoup de tours sur

une portion de cercle semblable à une anse demi-cir-
culaire, au-dessus de l'aiguille aimantée.

Ce qui frappait le plus vivement les spectateurs,
c'était un ruban bleuâtre, large comme le doigt, qui se
déroulait tout seul, en apparence, d'une bobine où il
était enroulé. Mais en se dégageant de deux petits
cylindres entre lesquels il avait subi une pression, ce
ruban avait reçu certains caractères : c'étaient des
points et des lignes plus ou moins longues, diversement associés.

Ceux des curieux qui cherchaient à comprendre par
quel moyen ces points et ces lignes s'imprimaient sur
le ruban découvraient sans peine, au-dessous des cylindres, un petit levier armé d'une coupille ; ce levier mû
par quelque moyen mystérieux s'élevait et s'abaissait
par saccades, et sa coupille pressant par intervalles
plus ou moins prolongés y traçait ces caractères. Tant
que dura le déroulement du ruban, on entendit un
léger cliquetis métallique.

L'employé pendant tout ce temps, portait une vive
attention sur les caractères que le ruban déroulait
devant lui, et les traduisant en lettres et en mots ordinaires, les inscrivait sur un registre.

Stupéfaits, les curieux regardaient ; quelques-uns
s'adressaient des questions à voix basse. On répondait:
je l'ignore. D'autres murmurèrent le mot de l'énigme:
Télégraphe électrique. La dépêche qu'on venait de recevoir et d'enregistrer arrivait de Valentia sur la côte
la plus occidentale d'Irlande.

L'Institutrice que nous connaissons déjà depuis
longtemps s'était retirée un peu en arrière de la cohue

pour donner quelques explications à ses plus jeunes élèves. Elle répondait aussi à leurs questions. Il fallait bien que ses réponses fussent satisfaisantes, car quelques dames qui lui étaient inconnues, s'étaient peu à peu rapprochées d'elle ; quelques-uns de ces artisans au front intelligent, comme on en rencontre fréquemment à Paris, prêtaient aussi l'oreille. Il était évident que ce qu'elle disait était goûté de son petit auditoire.

La femme, en général, ne semble point créée pour l'emploi de savant. Elle a mieux à faire. Soigner, aimer, consoler, telle est sa tâche ; élever l'enfance, embellir la demeure, répandre le bien-être autour d'elle, c'est son lot, et qu'il est beau !

Mais dans un état social tel que le nôtre, où tant d'hommes remplissent des emplois de femme, on ne peut être ni surpris ni affligé que quelques femmes trouvent des moyens d'existence dans des fonctions qui sembleraient dévolues à l'autre sexe. Il est consolant de voir de nos jours quelques jeunes personnes aspirer aux diplômes des bacheliers ès lettres et ès sciences, et obtenir ces grades avec distinction. La carrière du haut enseignement pourrait un jour leur être ouverte ; elles n'y seraient pas déplacées ; leurs facultés propres, la grâce et la délicatesse de leur esprit, la flexibilité sympathique de leur parole, leur préparent peut-être dans cette voie des succès inespérés ; et peut-être aussi plusieurs de nos plus douloureuses misères sociales seraient par là ou conjurées ou amoindries.

L'institutrice de la famille Sutterville s'exprimait

d'ailleurs avec tant de simplicité que le soupçon de nourrir au-dedans d'elle des prétentions scientifiques ne pouvait venir à personne. Elle n'avait pas cherché ce rôle, il lui était venu. Pouvant le remplir, elle ne l'avait pas décliné.

Elle s'en acquittait d'ailleurs supérieurement.

Hélène lui ayant demandé où donc pouvait être la cause et l'origine de ces singuliers mouvements, elle lui montra du doigt un coin de la chambre où étaient rangés sur une table quelques piles et quelques autres machines productrices d'électricité. C'est de là, ajouta-t-elle, que sort le courant électrique.

ALFRED. — Mais où donc passe-t-il ce courant... Enfin pourquoi ne le voit-on pas.

L'INSTITUTRICE. — Il passe, invisible, le long de ces fils de métal que vous apercevez, couchés et incrustés sur cette table.

ALFRED. — Je ne puis vraiment croire que cette petite force s'étende fort loin.

L'INSTITUTRICE. — Elle n'est pas aussi petite qu'elle semble l'être ; et quant à la distance où son action s'étend, elle dépend, cette distance, du nombre des éléments dont la pile est composée et de la grosseur des fils conducteurs du fluide électrique.

SUSANNE. — Il me semble bien que je comprends cela : Une force ne peut agir au loin qu'en raison de son énergie ; le nombre des éléments où le fluide se forme lui donne une énergie deux fois, dix fois, cent fois plus considérable.

HÉLÈNE. — Et le diamètre des fils... comment porte-t-il plus loin leur action ?

L'Institutrice. — Un plus grand diamètre donne aux fils une beaucoup plus grande surface et une plus grande résistance; la première s'oppose à la déperdition du fluide; la seconde prévient les ruptures des fils.

Susanne. — Mais moi, voici ce que je voudrais savoir : ce petit levier... voyez comme tantôt il s'élève et tantôt il s'abaisse. Je voudrais que mademoiselle eût la bonté de me dire pourquoi il fait ces deux mouvements?

Alfred. — Susanne va au nœud de la question. J'appuie respectueusement sa demande.

L'Institutrice. — Voyez-vous ces deux bobines dressées sous le levier que vous avez remarqué?

Hélène. — Qui sont enveloppées de ficelles vertes, n'est-ce-pas? comment nomme-t-on cela?

L'Institutrice. — Ces deux bobines sont deux morceaux de fer non trempé que l'on appelle des électroaimants. Voici qui est mystérieux. Quand le courant électrique passe à travers ces bobines, elles s'aimantent à l'instant même, et acquièrent la propriété d'attirer à elles l'extrémité du levier de fer placé audessus. Cette attraction fait basculer le levier et, soulevant son extrémité opposée, rapproche celle-ci des deux cylindres horizontaux. Remarquez bien cela; car chaque fois que le courant est interrompu l'aimantation des deux bobines s'arrête, et le levier n'étant plus attiré, cède à un petit ressort en spirale qui le ramène à sa place.

Hélène. — En effet, j'ai très-bien vu ce petit mouvement de bascule du levier, mais c'était si rapide que j'ai de la peine à comprendre comment, dans un instant si court, les caractères avaient pu s'imprimer sur le ruban.

Augustin. — L'électricité est plus rapide, dit-on, que la lumière, et celle-ci parcourt l'espace, à raison de 77,000 lieues par seconde.

Hélène. — Ce n'est pas ce que je voulais dire. Je voulais savoir ce qui imprime les caractères sur le papier. Y a-t-il de l'encre et une plume par là ?

L'Institutrice. — La plume c'est le petit poinçon de fer que porte l'extrémité du levier. L'encre, c'est une sorte de gomme dont un des cylindres est enduit. Le papier c'est le ruban qui pressé par le poinçon, reçoit la trace du corps gommeux. Cette trace est plus courte ou plus longue selon le temps plus ou moins long durant lequel le courant passe sans interruption.

Alfred. — Et quand le courant s'arrête qu'arrive-t-il ?

Hélène. — Faut-il te le redire ? Alors les bobines, ou, si tu l'aimes mieux, les électro-aimants cessent d'être magnétiques, le levier revient à sa place, le le petit poinçon recule, la trace qu'il formait ne se produit plus : et voilà les distances placées entre les caractères.

L'Institutrice. — C'est très-bien saisi, chère Hélène.

Susanne. — Et moi, pour vous prouver que j'ai compris aussi bien, je m'en vais vous faire une question.

Alfred. — Voyons la question de ma chère petite sœur ?

Susanne. — D'où vient que le ruban de papier se déroule, à mesure que l'électricité passe. Est-ce elle qui fait marcher le ruban pendant que la dépêche s'écrit ?

L'Institutrice. — Je m'attendais à cette question. Non, Susanne, ce déroulement n'est pas produit par l'électricité. C'est une petite machine dont vous apercevez les rouages qui fait marcher le papier. Elle est mue par un poids, elle fait tourner deux cylindres ; ceux-ci saisissent le papier qui vient d'être imprimé, le serrent entre eux et l'entraînent.

Augustin. — C'est admirable ! Mais, quand j'envoie un télégramme, imprime-t-on aussi au point d'arrivée ce que je veux dire à mon correspondant ?

L'Institutrice. — On pourrait s'en passer et transmettre immédiatement la dépêche traduite ; mais on préfère agir différemment. Il importe en effet, en cas de réclamation, de pouvoir, dans chaque station télégraphique, reproduire les dépêches.

Hélène. — Et ces appareils électriques que voilà dans cette arrière-pièce, produisent-ils toujours ces courants dont vous nous avez parlé ?

L'Institutrice. — A la condition qu'on les entretienne en bon état.

Alfred. — Mademoiselle, dites-moi, je vous prie, quelle est la précaution à prendre.

Augustin. — Cher ami, c'est de renouveler l'eau acidulée qui produit le fluide.

Hélène. — Pourriez-vous, mademoiselle, m'apprendre à quoi sert cette boussole placée sur la même table que le télégraphe. La pointe en est tantôt fixe à sa place vers le. nord, tantôt elle s'en écarte en s'agitant?

L'Institutrice. — Elle sert simplement à indiquer au directeur quel est le degré d'intensité du courant. La boussole est-elle immobile? C'est que le courant ne passe pas. L'aiguille aimantée fait-elle des oscillations et tend-elle à se mettre en croix sur la direction du courant, c'est que le courant passe par l'appareil ; et le nombre de degrés de l'écart, marqué sur un cercle gradué, sert de mesure à la force du courant.

Madame Sutterville. — Le génie de l'homme est bien grand... pour qu'il ait pu se soumettre l'électricité et le magnétisme, ces deux agents en apparence insaisissables, et qu'il soit parvenu à les forcer de devenir les dociles serviteur de sa volonté ! Mais quelle inconséquence de dénier à Dieu le pouvoir de se communiquer à nous-mêmes.

Augustin. —Oui, bonne mère ! nos amis nous télégraphient ce qu'il nous importe de savoir ; et Dieu ne pourrait pas nous révéler ses desseins, nous donner son Évangile ; ce télégramme d'une si *bonne nouvelle !*...

Alfred. — Mais cette bonne nouvelle, cet Évangile a mis des siècles à s'établir ; il a marché, il marche encore, mais à pas lents... tandis que l'électricité... c'est la foudre !...

Hélène. — Pour moi je n'ai pu revenir de ma surprise quand j'ai lu dans Job, chapitre xxxvi, verset 3 : « Ton tonnerre porte les nouvelles. » Serait-ce une intuition de ce que la science ne devait découvrir que bien longtemps après?

11.

Madame Sutterville. — Ce passage n'a pas été rendu de la même manière par tous les traducteurs. Il faut à mon avis être d'une grande circonspection dans ces applications que l'on fait de la parole révélée à la science.

Hélène. — Est-ce que celle-ci te paraît douteuse?

Madame Sutterville. — Je laisse la décision à des savants plus qualifiés que moi. Je sais que la révélation n'a point eu pour but de m'enseigner la science humaine, mais seulement la science divine, savoir : le moyen d'unir mon âme à Dieu par Jésus-Christ.

L'Institutrice. — C'est une connaissance si grande et si précieuse que celle du Sauveur ! Toutes les autres sans celle-là laissent du vide ; celle-là seule répond aux besoins du cœur.

Augustin. — Nous fûmes bienheureux à la maison quand nous apprîmes, il y a quelques années, que la première dépêche télégraphique qui fut transmise des États-Unis à l'Europe portait ces mots : « *Gloire à Dieu au plus haut des cieux, paix sur la terre, et bonne volonté envers les hommes !* »

Alfred. — C'était inaugurer bien dignement ce rapide moyen de communication.

L'Institutrice. — … Si rapide que soit dans sa marche le fluide qui meut ce télégraphe… je connais une chose qui va et qui arrive à son but plus vite, beaucoup plus vite que lui.

Susanne et Alfred, se récriant à la fois. — Plus vite que le télégraphe? O mademoiselle, vous ne le pensez pas. Il est impossible que vous le pensiez !

L'Institutrice. — Je le pense… très-sérieusement…

Et vous allez être de mon avis. La parole de Dieu l'a déclaré. C'est la prière. Elle va plus vite à son objet que le télégraphe. *Il arrivera*, dit le Seigneur, par la bouche d'Isaïe (Isaïe, LXV, 21), *qu'avant qu'ils crient je les exaucerai et qu'avant qu'ils aient fini de parler, je les aurai entendus.*

HÉLÈNE. — C'est vrai !... Oh ! je n'y pensais pas. Que tes oracles, Seigneur, sont admirables ! *Ils réjouissent le cœur !*

VII

LES PERFECTIONNEMENTS DE LA GIROUETTE

> Le vent revient à ses circuits.
> *(Ecclésiaste*, I, 6; trad. d'Ostervald.)

> Girat per meridiem et flectitur ad aqui-
> lonem; lustrans universa in circuitu, per-
> git spiritus; et in circulos suos revertitur.
> *(Ecclesiastes*, I, 6; versio Vulgata.)

Je voudrais que ce chapitre fût court ; il suffit que la chose soit possible pour qu'elle soit obligatoire. Essayons.

Toute la partie mécanique du problème se réduit à ceci : faire tourner un tube ou chemise de papier formant cylindre creux à axe vertical, de telle sorte qu'il ait terminé sa révolution dans les vingt-quatre heures.

Si en même temps au bas de l'axe de la girouette est disposée une roue dentée s'engrenant avec une vis sans fin, on obtient un mouvement de bas en haut et de haut en bas de l'enveloppe cylindrique qui déjà tourne horizontalement sur elle-même. — Il ne manque plus là qu'un crayon ou qu'un pinceau ajusté de manière à ce que sa pointe immobile vienne effleurer le papier tournant et oscillant, et la ligne tracée sur cette feuille sera la représentation graphique exacte des directions diverses du vent qui aura soufflé dans les vingt-quatre heures, ainsi que de la durée du vent dans chaque rumb.

Quant à la force ou à la vitesse, elle s'obtient par un autre procédé. Une feuille métallique est mobile sur des charnières horizontales ; selon sa force, chaque souffle de vent soulève cette plaque ou feuille de manière à lui faire décrire un angle avec l'horizon : un crayon d'une autre couleur, placé au bout d'une tringle verticale mobile, décrira sur la même feuille une sorte de ligne courbe, à sauts plus brusques, indiquant les variations de la vitesse.

Que l'intelligence de nos lecteurs supplée à ce que peut laisser d'incomplet dans cette description la brièveté dont nous nous sommes fait une loi.

Le problème soulevé par la girouette (perfectionnée ou non) est exclusivement physique et mécanique.

Nous venons de compulser le magnifique atlas des orages et des vents de l'année 1865, publié par l'Observatoire impérial, sous les auspices de Son Excellence M. le Ministre de l'instruction publique. Voici ce qui résulte dans notre esprit de l'examen attentif des précieux documents que renferme cette publication dont le continuation est si désirable dans l'intérêt de la météorologie :

La presque totalité des vents violents, accompagnés d'orages et de grêle sur quelques-uns des points de leur parcours à travers l'Europe, soufflent de la partie ouest ; ils nous viennent par conséquent de l'océan Atlantique.

Deuxièmement : quatre-vingt-dix fois sur cent, la

ligne que décrit leur trajectoire est courbe, ce qui justifie le mot, *mouvement tournant*, adopté par la science moderne. Et (chose singulière), le sens de cette courbure est *dextrorse*, c'est-à-dire allant de droite à gauche ; en d'autres termes, opposé à celui que décrivent les aiguilles d'une montre. Cette courbnre au contraire, a un monvement dirigé de gauche à droite, dans les courants atmosphériques de l'hémisphère austral.

La partie sud-est de la France, tout le bassin du Rhône, est très-fréquemment sous l'influence des vents des régions nord et sud.

Le beau livre de M. Marié-Davy sur les mouvements de l'atmosphère constale ces faits.

Toute girouette, surtout toute girouette perfectionnée, quand on en suit les mouvements avec l'exactitude scientifique, conduit aux mêmes conclusions.

Arrêtons-nous ; je m'étais promis d'être court : ai-je tenu parole ?

Non, car je m'aperçois que mon épigraphe disait, à peu de chose près, tout ce que j'ai dit en termes moins brefs ; le savant auteur de l'*Ecclésiaste* avait d'avance dessiné et composé mon chapitre.

VIII

MÉDITATION ET RÉSOLUTION

> Je l'ai juré et je le tiendrai, d'observer
> les ordonnances de mon Dieu.
> > (Psaume cxix, 106.)
>
> Intervenit cogitationibus mediis.
> > (SÉNÈQUE, *Lettres.*)

Sans nous préoccuper de l'ordre des dates, nous voulons relater ici une de ces circonstances qui nées, en apparence, d'un événement tout ordinaire dans une vie d'homme, exercent néanmoins sur cette vie une influence puissante et durable. Je veux parler d'une rêverie sérieuse, pour mieux dire, d'une méditation à laquelle se livra le fils aîné de madame de Sutterville, peu de jours après les faits dont nous avons commencé l'histoire.

Le culte du soir présidé habituellement par la mère, mais auquel prenait part chacun des membres de la famille, selon qu'il s'y sentait disposé, venait de finir. On s'était séparé, le cœur paisible et satisfait, résultat constaté de cette habitude pieuse trop négligée aujourd'hui.

Augustin s'était retiré dans sa chambre. Seul, il se promenait à grand pas, réfléchissant aux scènes de l'Observatoire, aux impressions subies, et à cette foule de faits qui avaient si puissamment élevé son âme à Dieu. Tout ce qu'il avait vu et entendu, ces explications données par le secrétaire obligeant, les discussions amicales qui les avaient suivies, la part qu'y avaient prise, tantôt sa mère bien-aimée, tantôt ses sœurs et leur institutrice, les solutions qu'il avait trouvées lui-même à tant de grandes questions, tout cela se reproduisait à sa mémoire avec un intérêt si vivant qu'il en était tout ému. Sa pensée fécondée par ces souvenirs réagissait sur les autres facultés de son âme : le cœur, la conscience, le sentiment religieux dont tout homme porte le germe caché, la volonté surtout était vivement en jeu. On ne serait nullement téméraire de traduire de la manière suivante les mouvements que faisait naître en lui la réflexion à laquelle il était comme enchaîné.

Il en fit plus tard et sans restriction la confidence à un ami intime et discret.

« Je n'en puis plus douter maintenant, se dit-il, le Dieu de la nature s'est montré à mon cœur dans la riche magnificence de sa création. Avec la même force, la même sagesse, le même soin paternel, après avoir créé, il conserve, il dirige, il aime. Ah ! c'est bien le même Dieu de qui, sur les genoux de notre bonne mère, l'Évangile à la main, nous apprîmes tout enfant à balbutier, à adorer le nom auguste et saint.

Plus tard, mes camarades s'étaient moqués de ma foi trop naïve à leur gré, et avaient décoché leurs sarcasmes sur ce que j'avais appris à respecter. Ne sachant que répondre, j'avais baissé la tête ; et la tradition vénérée s'était voilée à mes yeux, car mon orgueil blessé s'indignait que ma croyance enfantine fût taxée de crédulité.

Comme tout a changé d'aspect aujourd'hui ! et combien tous ces traits railleurs me trouveraient moins timide ! Oui, par la grâce de Dieu, on peut être homme instruit, chrétien, et de plus, d'autant meilleur chrétien qu'on est plus instruit. Que de noms à l'appui de cela se pressent dans ma mémoire, noms illustres entre les plus illustres !

D'où pouvaient donc venir mes hésitations ? Ce tourment du doute, qui pendant plusieurs jours, s'acharnait sur moi, d'où pouvait-il venir ? Ah ! j'en ai bien souffert ! !... Qu'elles étaient poignantes ces anxiétés !...

... Je crois entrevoir... Il me semble que je saisis cette origine du doute si vite devenue source de négation... Comme Adam, je me cachais, parce que comme Adam, j'avais dévié de l'obéissance. J'avais un intérêt à douter, et je doutais, je niais... Rien ne m'était plus douloureux que la pensée de Dieu et de son amour en Jésus ; et cette pensée je l'éloignais... Pourquoi ?... Parce que le péché et Dieu ne peuvent coexister dans un même cœur...

Ici Augustin s'interrompit... médita longuement... Parfois recueilli, immobile ; parfois agité, marchant à grands pas ; parfois s'asseyant, et demeurant le front appuyé dans ses mains, sur sa table de travail.

Puis il reprit :

Qu'elle est loin d'être petite et facile, l'affaire que j'entreprends ! Et que je la voyais incomplète, au premier abord? La poursuivrai-je, maintenant que j'en vois la grandeur et les difficultés? Devant tant de sacrifices, d'abnégations, tant d'exigences de la part d'un Dieu qui me veut tout entier, aurai-je assez de force?...

Le combat intérieur me paraît demander encore plus de courage que la lutte au dehors... D'où viendra le secours?...

... Pourquoi t'alarmes-tu de la sorte, mon âme?... si *Dieu est pour toi, qui sera contre toi?*...

Dix-sept ans!... Mais n'est-ce donc pas l'âge de se souvenir de son créateur! Le pourrai-je plus tard? Aurai-je toujours cette jeunesse d'impressions, cette vigueur de volonté, cet essor dont je me sens animé vers le juste, le vrai, le saint et le beau?

La faculté d'aimer s'appliquant à Dieu, persiste-t-elle avec l'âge, pour qui néglige de l'exercer?... Question redoutable!... Un sauveur!... Qui ne se donnerait à celui qui s'est donné lui-même pour nous?

Verbe éternel de Dieu, Verbe créateur de tout... il quitte tout, ciel, haute dignité, félicité, vie divine, par compassion pour un monde à peine perceptible au milieu des myriades de mondes. Comme il m'apparaît grand, dans cet abaissement volontaire, aimable sous ces voiles qui sont impuissants à me cacher son incomparable amour.

Avoir honte de lui... serait-ce possible? L'abandonner après l'avoir connu!... Qui le pourrait? Ingratitude, lâcheté, folie!... Jamais... jamais!... »

Ici Augustin s'arrêta de nouveau : son visage prit une expression plus noble et plus résolue ; ses yeux longtemps baissés se relevèrent; une larme y brillait. Ensuite on aurait pu l'entendre disant :

« C'en est fait, je le répète, ô mon Dieu ! C'est un serment, je suis tien; je veux m'unir à toi, car je t'ai contemplé dans ton œuvre double et doublement merveilleuse. Ton Esprit m'avait ouvert les yeux et préparé le cœur pour me conduire à toi par ces deux chemins. Celui qui se nomme le *chemin* avait tout fait d'avance, mais je n'ai pas refusé le nouvel appui fourni par toi.

Je me suis décidé. Ma ligne est tracée, ma part est choisie; toi Seigneur, toujours toi !

Mais je me sens si faible ! Je me place sous ta puissante sauvegarde. Tu veilleras, Seigneur, sur ton enfant. Pour achever ton œuvre en moi, tu veilleras sur mon inexpérience, tu dissiperas la frivolité de mes goûts, tu me garderas de moi-même. Contre mes défaillances, contre les surprises des sens, contre le péché, qui tout en la charmant, fait à l'âme une guerre si funeste, oh ! que ton Esprit combatte et prie avec moi !

Cette excellente mère, de qui l'ambition a été de conduire sa famille à tes pieds, ne sera-t-elle pas aussi une fille de ta grâce et de ta faveur ? Rends-lui, Seigneur, rends-lui avec usure tout le bien qu'elle nous a fait !

Qu'enfin mes travaux, mes projets, mes études, mes désirs, ma vie, mon âme, bénis de ta main portent ton sceau en Jésus-Christ et ne le perdent plus ! »

Après cette prière, plus chaleureuse que nous n'avons pu la reproduire, Augustin devenu calme et heureux comme il arrive quand on a formé devant Dieu un dessein vertueux et viril, promena longtemps sa pensée sur les amertumes, mais aussi sur les joies austères d'une vie chrétienne. Il interrompait de temps à autre le cours de ses réflexions par des vœux formés dans le secret de son âme en faveur de ceux qu'il aimait.

La ville natale, la patrie française, l'Église avec leurs bons, mais aussi leurs tristes côtés, excitaient l'une après l'autre les battements de son cœur. La justice qui élève les nations, la science qui ajoute à leur force, soit pour le bien soit pour le mal, les arts et les lettres, à qui incombe une responsabilité si haute et si souvent méconnue, l'Évangile et ses expansions si désirables et si attardées, avaient part tour à tour à sa pieuse méditation. L'adolescent était devenu un homme.

IX

LES REVERS D'UN MUR

Au bas des marches de l'escalier qui termine sur la gauche la grandiose terrasse dont nous avons déjà parlé, l'on côtoie un bosquet planté d'arbres au feuillage touffu. Le soleil y pénètre difficilement en été comme en hiver, car aux feuilles caduques des arbres de la chaude saison succède, pour produire le même résultat, le feuillage persistant de divers genres de conifères.

Tous les observatoires bien installés présentent une disposition analogue. On n'avait eu garde de l'omettre dans l'établissement visité par nos amis. Quoique le plan en eût été primitivement mal conçu, il avait reçu successivement de la munificence des gouvernements des améliorations qui en font un des plus beaux et des plus complets de l'Europe.

On sait que la couverture végétale de notre terre est l'une des dispensations les plus bienfaisantes du Dieu qui la créa. Par elle, le rayonnement du calorique terrestre est modéré et les rayons ardents du soleil brûlent moins la terre, qui se trouve ainsi mise à l'abri des températures extrêmes.

Quoi de plus simple que d'avoir cherché le même bénéfice par l'imitation de ce procédé providentiel.

Ici, en effet, sont mis en dépôt un grand nombre d'instruments d'une précision et d'une délicatesse extrêmes, sans parler de leur valeur élevée. Les variations du froid et de la chaleur les atteignent et les détériorent. On se lasserait à compter les tubes contractés ou dilatés inégalement et mis hors de service par cette cause; ainsi que les verres précieux perdant leur courbure normale par l'effet de quelques degrés de température en plus ou en moins. Par suite, que d'observations inexactes et que de moments perdus !

Mais des plantations ombreuses judicieusement jetées autour du monument qui renferme cet outillage, y créent comme un climat moyen, et obvient à cet inconvénient dont la gravité est facile à saisir. Aussi notre établissement impérial est-il amplement pourvu de ce moyen préservateur, surtout vers son côté méridional.

Voici donc nos visiteurs en face du bosquet, incertains de la direction qu'ils vont prendre. Vers le couchant, sont des allées qui conduisent, leur a-t-on dit, aux logements de l'illustre Directeur. La discrétion, les en détourne, car la vie privée est chose sainte que les regards du public profaneraient. Le chemin opposé les conduit vers un grand mur au nord-est, qui arrête en même temps leurs regards et leur marche.

La maison à laquelle ce mur est adossé n'a pas d'étage supérieur; elle n'a pas non plus de fenêtres. Une porte latérale semble lui servir d'entrée. Qu'est-ce donc que cela? s'écrie Susanne.

MADAME SUTTERVILLE.—Tu sais, ma fille, qu'il y a des parties de l'Observatoire réservées aux calculateurs, où le plus grand calme est nécessaire et d'où les curieux sont exclus. Réprime ta curiosité. J'appréhende même... qu'en pénétrant... jusqu'ici nous n'ayons été très-indiscrets.

HÉLÈNE. — Bonne maman, tiens... Nous ne ferons aucun bruit, je te le promets. Laisse-nous contempler un moment ce bâtiment mystérieux.

L'INSTITUTRICE — Oh! voyez, madame, cette épaisse feuillée qui tapisse le mur jusqu'au sommet.

SUSANNE. — Je connais ces plantes, moi. Nous les avons toutes; excepté celle-là aux fleurs brunes. Oh! la drôle de forme !

AUGUSTIN. — C'est l'aristoloche siphon ou pipe turque. Notre oncle on possède une très-belle tonnelle. Voyez ces belles feuilles en cœur. Te souvient-il, Susanne, du nom des autres?

SUSANNE. — Attends un peu... Ah! voilà la glycine aux grappes violettes. Et celle-ci ? Va, je te connais bien, quoique tu ne sois pas encore fleurie? c'est le tecoma radicans, notre oncle nous en a dit le nom. Comme elles végètent bien ! On ne voit pas le mur.

L'INSTITUTRICE. — C'est très-soigné; voyez quel bon terreau ! Il faut qu'il y ait là-dessous quelque but.

AUGUSTIN. — Je crois l'entrevoir. Mais discernez-vous ces longues et étroites ouvertures?

HÉLÈNE. — Singulières fenêtres! Il y en trois; elles

pénètrent dans la toiture, et il y a des espèces de trappes pour les fermer. A quoi donc cela peut-il servir? Évertue-toi, Augustin; le sphinx te pose son énigme.

Augustin. — Je ne suis qu'Augustin; je ne suis pas Œdipe.

L'Institutrice. — Il serait heureux le mortel qui connaîtrait les revers de mur; la moisson qui sortira de chaque sillon qu'on creuse, le fruit que mûrissent les événements de notre vie.

Madame Sutterville. — Heureux, dites-vous, chère demoiselle! Pour moi, je n'ambitionne pas ce bonheur. J'aurais peur de voir dans chacune de nos actions toutes les conséquences qui doivent en sortir, et je n'aurais plus le courage de rien faire. Dieu seul peut être heureux de cet attribut. Hélène, veux-tu me dire pourquoi?

Hélène, avec embarras. — Il me semble que Dieu… peut et doit… être heureux de voir d'avance les fruits cachés des événements, parce qu'il incline les cœurs à son gré, et peut faire tourner tous les événements à sa gloire.

Madame Sutterville. — Que d'exemples on en pourrait citer! Nous admirâmes, il y a quelques jours, les magnificences de Versailles, et nous déplorâmes les énormes dépenses que tout ce luxe dut coûter à la nation; elles eurent deux revers de mur. D'abord la ruine des trésors de Louis XIV; mais aussi les aspirations auxquelles les réformes de 89 donnèrent satisfaction.

Susanne. — Maman, ne pourrait-on pas dire que la

méchanceté des frères de Joseph eut pour revers de mur de délivrer de la cruelle famine de sept ans l'Égypte et les pays voisins ?

ALFRED. — Parfaitement; mais le sang qui a ruisselé sur les champs de bataille, tu serais bien habile, Susanne, de lui trouver des compensations. Quel revers de mur peuvent avoir tant d'événements funèbres, Austerlitz, Waterloo, Solférino, Sadowa...?

AUGUSTIN. — Il ne faudrait pas peut-être chercher longtemps pour leur en trouver. — Quant à ce mur et à cette porte, voici ce que j'ai entendu dire : qu'il y a une salle, appelée la salle des lunettes méridiennes ou des instruments des passages et qu'à l'aide de coupures verticales pratiquées dans l'épaisseur du mur du côté du midi, on peut au moyen de ces lunettes, voir passer les astres au moment même où ils traversent le plan de notre méridien.

SUSANNE, d'un air boudeur.— Méridien... passages... coupures verticales... ô mon cher Augustin, sois moins savant, ou rends-moi plus intelligente !

AUGUSTIN. — A ta mine, je parierais, ma chère petite sœur, que de ces trois mots, tu en comprends au moins deux. Coupures verticales..., tu comprends cela, car tu les as sous les yeux, c'est ce que tu nommes de longues fenêtres. — Instruments des passages... je te l'ai déjà dit : lunettes qui, avec le chronomètre, indiquent le moment précis, non pas seulement la minute, mais même la seconde et la fraction de seconde où un astre traverse le méridien. Quant à ce dernier mot, c'est le seul peut-être qui ait besoin d'être expliqué de nouveau; car nous en avons déjà parlé.

12

Susanne. — Allons, j'en fais ma confession; j'étais une méchante de taquiner ainsi mon bon Augustin. Tu me pardonnes, frère!

Augustin. — D'autant plus volontiers que ton savoir ajouté au mien laisse encore l'énigme de ce mur sans réponse. Le sphinx aurait le droit de nous dévorer. Oh! Si monsieur le secrétaire, si obligeant et si bon, voulait nous ouvrir cette porte, tout serait vite éclairci.

L'Institutrice. — Oui, comme s'éclaircissent les portions obscures de la révélation céleste quand l'Esprit de Dieu vient ouvrir dans nos cœurs la porte à sa lumière. Tout s'illumine alors, et la plus ignorante des créatures, — un enfant quelquefois, se prend à voir, à aimer et à faire le bien.

Hélène. — Je mets de côté, moi aussi, ma fausse modestie. Voici ce que je conjecture : Derrière ce mur sont les précieux instruments dont parlait tout à l'heure Augustin. Les longues fenêtres permettent de voir les étoiles passer à toute hauteur et de les saisir dans le champ des objectifs.

Susanne. — Explique donc aussi pourquoi cette riche verdure et ces plantes grimpantes, puisque te voilà si bien en veine d'explications.

Hélène. — Tu m'excites; eh! bien, elles sont une couverture protectrice contre les excès du froid et du chaud; de même que l'atmosphère, de même que les forêts touffues et moussues, et l'herbe épaisse de nos prairies, pour notre globe. Ici l'homme a été assez sagace pour imiter Dieu : le génie et la grâce se sont donné la main.

L'Institutrice. — Vous me rappelez un mot favori de ma chère Bible, un mot qui caractérise le plan rédempteur : *La justice et la paix se sont donné le baiser d'union.* (Ps. LXXXV, 11.)

Madame Sutterville. — Merci, mademoiselle, vous me faites du bien : dans ce sanctuaire de la science, une goutte évangélique est un rafraîchissement.

Augustin. — Chut ! Quelqu'un s'approche. Si c'était notre bienveillant secrétaire, il viendrait à propos.

Alfred. — C'est lui-même... Il tient une clef... Nous entrerons !

Le Secrétaire. — Madame, excusez-moi, je suis fort en retard... Ma bonne volonté a été impuissante devant les obstacles multipliés... (ouvrant la porte...) Veuillez entrer, mesdames. ·

Madame Sutterville. — Monsieur, nos conjectures étaient sans doute bien téméraires, nous nous étions permis de supposer que c'étaient ici les instruments des passages.

Le Secrétaire. — Vous ne vous trompez point. Il y en a trois ici, munis de leurs chronomètres.

Hélène. — A leur beauté extérieure, aux soins avec lesquels ils sont disposés, à la richesse de leur entourage, on peut juger de leur importance.

Le Secrétaire. — Vous allez vous en faire une idée, mademoiselle. Avec l'aide de ces horloges sidérales, ils déterminent exactement la place que les astres occupent dans le ciel. C'est la base première de toute étude astronomique.

Madame Sutterville. — Notre ignorance est grande et

notre curiosité ne l'est pas moins; serait-ce indiscret de vous demander quelque chose de plus.

Le Secrétaire. — Cet· instrument, le premier à gauche en entrant, composé d'un grand cercle divisé, avec ces quatre microscopes pour la lecture des angles, et que traverse diamétralement une fort belle lunette, c'est le mural. Le second est une lunette méridienne qui a fait un assez long usage. Le troisième, c'est notre méridienne moderne; ce que nous possédons de plus parfait en instruments du même genre.

Aidé de son chronomètre, le mural non-seulement fournit l'instant du passage, mais aussi la déclinaison australe ou boréale de l'astre, selon qu'il est au-dessous ou au-dessus de l'équateur. Ces lunettes sont toutes de précieux instruments; leurs chronomètres sont des chefs-d'œuvre de précision mécanique, ils sortent tous des ateliers des plus habiles artistes.

Madame Sutterville. — Quelle si grande importance y a-t-il à noter avec cette exactitude le moment où un corps céleste franchit le plan de notre méridien?

Le Secrétaire. — Par le plus simple des calculs, le moment sidéral du passage fait connaître à quel moment le nœud ascendant a été franchi. La distance angulaire parcourue dès lors est l'ascension droite de l'astre; c'est-à-dire l'un des deux éléments fixant sa position dans l'espace. L'autre élément, la déclinaison, est fourni par l'angle que fait l'axe de la lunette avec le zénith. Le lieu de l'astre est dès lors déterminé.

Hélène. — C'est donc comme la longitude et la latitude qui, sur une carte, déterminent invariablement un point géographique, une ville, une montagne, un écueil, un cap. Mais, monsieur, tous les astres reviennent-ils tous les jours, à la même heure, au méridien?

LE SECRÉTAIRE. — Les étoiles fixes et chaque point de la sphère céleste atteignent le méridien exactement à la même heure sidérale, mais cette heure n'est pas la même que l'heure vulgaire ou civile. C'est cette dernière qui est marquée par le passage du soleil au méridien. Le soleil retarde sur les étoiles.

HÉLÈNE.—Quoi! sans la moindre irrégularité, chaque étoile arrive tous les jours au centre du champ de ces grandes lunettes à l'heure et à la minute?

LE SECRÉTAIRE. — Et à la seconde même; vous allez en avoir la preuve. Une belle étoile va traverser le méridien; c'est Antarès de la constellation du Scorpion. Veuillez placer votre œil à cet oculaire et fixez le fil métallique du milieu du réticule, c'est le troisième. Je m'en vais l'éclairer. Madame votre mère comptera les battements de cette horloge sidérale. D'après les tables, il faut encore trente-cinq secondes; comptez, madame.

MADAME SUTTERVILLE, comptant. —Une, deux, trois, quatre, etc., trente-trois, trente-quatre, trente-cinq.

HÉLÈNE. — La voilà!... c'est elle; elle vient à l'instant de passer sur le fil. C'est vraiment prodigieux! C'est à ne pas y croire. —As-tu compris, ma mère? Nous venons de toucher au doigt l'indéfectible fidélité de Dieu à ses plans. Pas une seconde de retard, pas un dixième de seconde. O infinie ponctualité! ô divine exactitude!

L'INSTITUTRICE. — *Il appelle les étoiles par leur*

nom, dit le psalmiste, *et elles lui obéissent !* Ne l'eût-on pas dit *appelé par son nom :* Antarès!... et qu'i a répondu : présent ! comme un vigilant et vaillant soldat? J'en suis tout émerveillée.

MADAME SUTTERVILLE. — Ne nous eût-il appris que cette volonté immuable de Dieu à maintenir ses lois, l'Observatoire ne nous aurait pas fait perdre notre temps. Oui, Dieu vient d'affirmer quelque chose de lui sous nos yeux. Parfait en constance, parfait en souveraineté, parfait en fidélité, comme en vigilance, en justice, en amour; parfait en pouvoir sur la matière, sur le temps, sur l'espace, sur le mouvement, sur la forme, la couleur, le nombre, la vitesse, dans ce monde visible, combien ne le sera-t-il pas davantage dans ce royaume des esprits qui est son royaume par excellence! La science humaine nous donne ici, dans son sanctuaire, des leçons dont nous pourrons profiter après en être sortis. Éminemment régulatrice, elle ne peut pourtant nous donner la règle de nos devoirs; c'est nous dire qu'il faut chercher ailleurs cette règle. Essentiellement exacte, elle n'a cependant aucune prétention à nous imposer l'exactitude comme serviteurs de Dieu; c'est avouer qu'ailleurs est le mobile puissant de cette exactitude. Où donc les chercher, ô mes chers enfants, cette règle et cette exactitude?

HÉLÈNE. — Dans ce souffle divin qui nous est promis: lumière, paix et sainteté tout ensemble. Demandons-les avec foi, ces trésors. Les promesses de Dieu sont *oui et amen !*

ALFRED. — J'ai un sérieux désir d'être éclairé sur un point, à mon tour.

Augustin. — Parle, cher Alfred, tu le vois, la politesse de M. le secrétaire lui donne de l'indulgence pour nos questions redoublées.

Alfred. — Voici : Si un soleil (par supposition), ou une lune, ou un astre quelconque se ralentissait, s'amusait en route, faisait l'école buissonnière, se rapprochait ou s'éloignait du point central autour duquel la gravitation l'enchaîne et le guide, je voudrais savoir ce qui adviendrait à cet astre déserteur?

Augustin. — Voilà bien une question d'écolier ! N'importe; je me joins à Alfred pour vous l'adresser; elle m'intrigue. Oui, monsieur, dans ce cas, si un pareil cas était possible, qu'adviendrait-il?

Le Secrétaire. — Cet astre courrait certainement à sa perte. Ou bien, les profondeurs de l'espace infini l'engouffreraient dans leurs froides ténèbres ; ou bien, précipité sur un centre enflammé, foyer de son système, il y serait embrasé ; autre manière de périr, sinon comme matière, du moins dans ses conditions d'astre.

Augustin. — En connaît-on des exemples?

Le Secrétaire. — Des exemples très-probables.

L'Institutrice. — Quelle forte raison l'homme trouverait là d'éviter un sort mille fois mieux mérité, quand il s'écarte de la route que lui traça la main paternelle ! S'éloigner de ce Dieu, centre et foyer de tout, n'est-ce pas tout compromettre? Et le péril qu'un homme, par cet abandon, fait courir à sa destinée ne devrait-il pas l'arrêter? Nous le savons, nous, de cette bouche inspirée qui osa le proclamer devant les sages d'Athènes : *Dieu a arrêté un jour auquel il doit juger le monde selon sa justice.* (Actes, xvii, 31.)

Madame Sutterville. — Un dernier renseignement, monsieur. Pourquoi ces piliers solides, me semble-t-il, au delà du nécessaire, sur lesquels les pivots et les tourillons des lunettes sont assis avec tant de précautions; et pourquoi ne sont-ils pas adhérents au sol, me semble-il encore, et partent-ils de plus bas?

Le Secrétaire. — Le plus petit ébranlement du sol, une cloche qui vibre, un omnibus qui roule produisent une commotion qui se communique aux lunettes et donne naissance à des erreurs d'observation très-nuisibles; tant une extrême précision est nécessaire ici. Il a fallu pour l'obtenir rendre ces piliers indépendants du reste de l'édifice, et en jeter les fondations à une profondeur exceptionnelle. Votre question, madame, trahit un rare talent de bien voir.

Alfred. — Si l'on me le permet, voici ma conclusion, à moi : Que de choses et de belles choses renferme quelquefois le revers d'un mur!

X

UNE HALTE BIEN EMPLOYÉE

> Mon âme, tiens-toi en repos, regardant à Dieu.
>
> (Psaume LXII, 6.)
>
> Repose-toi, mon cœur,
> Entonne un chant d'amour, Jésus est ton sauveur.
> (*Chants chrétiens.*)

Je n'ai jamais visité un musée, une galerie de tableaux, une collection d'objets curieux sans me sentir, au bout d'un temps assez court, sous le poids d'une lassitude extrême. Admirer rend heureux, cela est certain, et il n'est guère de plus grande jouissance que celle-là, pour les âmes bien douées ; mais c'est une jouissance qui fatigue. Voyez ces visiteurs intrépides des belles toiles qui font la richesse de nos monuments publics, suivez ces foules qui parcourent trois ou quatre kilomètres de salons consécutifs dans les superbes galeries de Versailles, du Luxembourg ou du Louvre. Ce n'est pas impunément qu'ils ont passé plusieurs heures à regarder et à contempler les produits merveilleux des arts ; une contraction involontaire plisse leur lèvre, une ride douloureuse cercle leur front ; effet bien différent de celui que produisent les beautés de la nature : un lointain de mer doré par le soleil, le calme paisible d'une nuit étoilée, ou les suaves ondulations des coteaux et des vallons couverts de verdure.

A l'Observatoire, l'effet produit n'est pas de ce dernier genre, il ressemble davantage au premier. Les scènes imposantes du ciel ne se voient qu'au travers de tubes dressés et comme cabrés, ou bien à l'aide de cercles à divisions microscopiques. La science vulgarisatrice n'est pas encore parvenue à se dégager complétement des abstractions et des figures de géométrie : on sort de là harassé.

Madame Sutterville éprouvait cette sensation. Elle avait suivi jusqu'alors ses enfants, heureuse de partager avec eux toutes ces juvéniles émotions d'une curiosité que rien ne parvenait à rassasier. Cependant la fatigue commençait à l'accabler ; on surprenait son regard cherchant quelque part autour d'elle un siége où elle pût s'appuyer, un lieu commode de halte pour le besoin irrésistible de repos que son esprit, plus encore que ses organes, réclamait. Elle avait trouvé le bras de sa fille aînée, Hélène, qui, attentive et comprenant cette espèce de souffrance, cherchait de son côté et avait enfin découvert, dans une embrasure, une sorte de divan rembourré, ayant sans doute cette destination.

Elles s'y assirent, silencieuses, tandis que l'institutrice et le reste de la famille continuaient leur promenade. Hélène se mit à feuilleter une brochure remplie d'illustrations dont les sujets étaient en rapport avec le monument visité. Madame Sutterville réfléchissait. Sa méditation ne tarda pas à revêtir la forme habituelle des pensées de cette bonne mère, forme que prennent fréquemment aussi les réflexions des fidèles disciples du Christ : elle priait.

Je ne suis pas fâchée, Seigneur, disait-elle, d'être venue ici, d'y avoir conduit mes enfants. Non, car ils ont pu y voir une fois de plus combien tes œuvres, sont magnifiques, et avec quelle sagesse tu les as faites ! Eux et moi, nous avons pu ici par cet appareil de science, comprendre ta splendide grandeur. Mais je puis en ta présence, Seigneur, me rendre ce témoignage que nous n'avions ni attendu ce jour, ni eu besoin de ces machines pour t'aimer et pour t'adorer. En nous ta grâce seule avait fait son œuvre depuis longtemps. Mille fois mieux que n'auraient pu le faire ces millions de mondes issus de ta force créatrice, ton Évangile nous avait enseignés ; ton amour immense manifesté en Christ nous avait touchés, appelés. Nous avions entendu cet appel, nous nous étions rangés sous ta loi, sous la victorieuse bannière du crucifié. Merci, merci, grand bienfaiteur, car ta bonté a tout fait, tout aplani, tout effacé et tout reconstruit ; qu'elle soit donc louée et magnifiée d'âge en âge !

Mais ce chemin de la science humaine où veulent aujourd'hui s'engager tant de téméraires, amènera-t-il à toi autant de disciples que t'en amenèrent tes humbles apôtres et leur voix saintement inspirée ? Ne suffit-il plus de recevoir la vérité comme des enfants pour entrer dans ton royaume ? Et s'il y a une science qui édifie, n'y a-t-il pas, hélas ! aussi une science faussement ainsi nommée et qui éloigne de toi ?

Que jamais, Seigneur, la science qui, de cet Observatoire se propage aux alentours, n'ait ce fâcheux résultat. Qu'en se vulgarisant, elle se spiritualise. Que
ce monument soit non-seulement un foyer lumineux,
ce ne serait point assez, mais un sanctuaire érigé à ta
gloire, à ta puissance, aux somptuosités de ton amour!

O Dieu, je ne saurais jamais assez répandre devant toi
mon âme en vœux, en prières en faveur des savants qui
desservent ce sanctuaire. Aime-les, soutiens-les, qu'ils
soient tiens, qu'ils soient ouvriers avec toi! qu'ils reçoivent une abondante part de la lumière qui réside en
toi et qui est toi!

Fais-leur sentir que leurs travaux, leurs efforts, bénis
de toi, deviendront plus féconds; que, faites à genoux,
leurs découvertes seront plus nombreuses, plus utile-
ment applicables; que ton nom, roi des rois, sera toujours la plus belle parure des ouvrages de l'esprit,
aussi bien que la pensée de ta présence est la plus
sûre garantie du succès scientifique.

Que de désappointements dans les sentiers de la
science, que de rivalités, de blessures, de travaux
perdus, après tant de difficultés surmontées! que de
fois les sévérités matérielles de la position doivent rendre stériles les plus nobles efforts! Dans tous ces cas,
Seigneur, adoucis, aplanis, fortifie, console; redore
l'avenir de ces chercheurs intrépides par quelques
perspectives ouvertes sur le ciel moral; verse sur eux
cette onction intérieure qui jette une paix et une
joie ineffable au milieu des mécomptes les plus
cruels.

S'ils voulaient se le rappeler, ils verraient la France

intelligente tenir ses yeux fixés sur eux, sur leur publications, leurs opinions, leur vie privée et publique;
elle attend d'eux pour sa pensée un aliment plus sain,
plus religieux que par le passé ; car, tu le sais, toi qui
sondes les cœurs, elle en a grand besoin, de ce pain
fortifiant et viril. Pour sa prospérité, son rang dans le
monde, l'accomplissement de sa destinée, elle en a
besoin. Persuade donc, ô Dieu, ces savants que j'aperçois de tous les côtés, dans cette noble enceinte, de la
haute et patriotique responsabilité qui pèse sur eux
et de la mission qu'ils ont reçue...

L'émouvante majesté des étoiles parle de toi; la
simple et savante loi qui les régit te démontre au cœur
par l'admiration réfléchie qu'elle y allume; les scin-
tillements prestigieux de cette voûte, quand le soir l'a
illuminée, semblent faire vivre les accents et les lettres
dont se compose ton nom, inscrit sur ton œuvre,
ô artiste infiniment parfait ! et les télescopes ont la
mission de nous épeler ces lettres une à une! Comment donc, Seigneur, la science serait-elle hostile au
sentiment qui nous attache à toi, ennemie de l'Évangile, l'expression la plus épurée et la plus complète
de ce sentiment! Oh! que ce triste malentendu,
qui n'a que trop duré, s'évanouisse enfin, et pour toujours !

Mes enfants, mes enfants, ô Dieu, garde-les, loin de
tout écueil et de tout péril.

Quelque temps encore la mère pria mentalement...
puis elle se tut... tenant toujours dans sa main la main
d'Hélène. Les autres enfants et l'institutrice se rappro-
chaient peu à peu, non sans quelque sollicitude sur la

santé de celle qu'ils aimaient. Arrivés près d'elle, ils s'informèrent de la cause de ce petit retard.

L'impatient Alfred commença le récit des belles choses vues comme à la course. C'était d'abord un réticule, anneau métallique qu'on place au foyer où les images vont se former. Plusieurs fils de platine y sont disposés en croix. Alfred exposa l'ingénieux procédé à l'aide duquel, en entourant un fil de platine d'un cylindre d'argent, et en faisant passer à la filière les deux métaux superposés, on obtient par la dissolution de l'argent, un fil d'une ténuité extrême.

La féconde admiration d'Alfred ne s'en tint pas là ; un sextant et un cercle répétiteur de Borda s'étaient offerts à lui ; à l'en croire, il avait en un clin d'œil fait une étude sérieuse de ces deux instruments. Il saurait au besoin s'en servir. Rien de plus facile que de prendre par leur moyen la hauteur du soleil à midi. Déterminer la distance angulaire d'une étoile au pôle ou au zénith, trouver de cette manière la latitude d'un navire en mer, ensuite la longitude, par le moyen du garde temps, se guider sur les océans immenses... Bagatelle que tout cela, selon la science si vite acquise d'Alfred ; le plus vieux loup de mer eût eu des leçons nautiques à recevoir de lui, tant sa jactance était ivre d'elle-même en ce moment.

Il mentionna avec un peu plus de retenue les deux gyroscopes de M. Léon Foucault qu'on lui avait montrés dans de vastes vitrines. Ces ingénieuses machines rendent littéralement visible la rotation diurne du globe. Ne doutant de rien, Alfred en commença l'explication, mais comme il n'avait vu ces instruments qu'à la hâte, il n'en avait parfaitement saisi ni le principe ni le fonctionnement, fort simples néanmoins. Il commença... s'interrompit... reprit sa description, hésita, s'arrêta de nouveau, enfin se tut, non sans avoir un air maussade et refrogné.

C'eût été bien pis assurément s'il eût poussé la présomption plus loin encore ; tentation qui lui était offerte. Un bel héliomètre avait passé sous ses yeux. C'est un instrument compliqué auquel nous consacrerons probablement un chapitre de ce livre. Destiné d'abord aux mesures délicates des diamètres solaires, comme l'indique son nom, il a été ensuite employé et il l'est encore aujourd'hui à suivre le mouvement d'une extrême lenteur que les étoiles doubles et triples accomplissent autour de leur centre commun de gravité.

Plusieurs de nos astronomes, l'illustre Arago notamment, ne trouvent pas que cet instrument ait répondu pleinement aux belles espérances qu'avaient conçues, sur son mérite, les savants de l'Allemagne et de l'Angleterre.

— Saisir et étudier, disait tout bas Hélène à sa mère, dans leur éloignement, qui effraye l'imagination et défie le calcul, ces étoiles doubles ou triples que l'œil nu n'a jamais vues, quelles études, quels efforts, quelle persévérance de volonté !

— Ah ! lui répondait, tout bas également, madame Sutterville, si une partie, une très-faible partie, de cette persévérance et de ces efforts était employée à connaître Dieu, à vouloir le bien, à étendre le règne glorieux de Jésus-Christ, quels résultats on obtiendrait aussi !

Les âmes n'ont-elles pas plus de valeur que ces feux lointains qui scintillent dans l'étendue. Une âme n'est-elle pas un soleil aussi? Un soleil qui vit, qui pense, qui aspire à se réunir à cet éternel *soleil de justice portant la santé dans ses rayons !*

Les enfants de cette pieuse mère s'étaient rapprochés d'elle en s'excusant de l'avoir quelques instants laissée seule avec Hélène.

— Non, chers amis, leur répondit-elle, vous ne m'avez pas quittée, je suis demeurée avec vous. Ce n'est pas se quitter que de se trouver ensemble au pied de ce trône de grâce où la miséricorde s'obtient. De pareils rendez-vous peuvent devenir nécessaires, prenons-en l'habitude !

Et son regard brillait de tendresse et de religieuse émotion...

XI

DEUX OBSERVATOIRES SÉPARÉS PAR UN DÉTROIT

ÉTUDE COMPARATIVE

> Y puestos los terminos de la habita-
> cion de ellos.
> (*Testament espagnol*, act, 17-26.)

Est-il vrai que les diverses races du règne humain se distinguent les unes des autres et par leurs caractères physiologiques, et plus encore peut-être par leurs aptitudes intellectuelles et morales? Est-il vrai, comme semble l'affirmer le texte espagnol, que chaque nation ait, en quelque sorte, reçu le mandat de la part de Dieu, dans les limites de ses frontières, *los terminos de la habitacion de ellos*, de cultiver certaines branches de la science ou des arts ou de l'industrie, d'une manière qui lui soit propre, qui diffère de la manière dont la cultive une autre nation souvent voisine de la première? Est-il vrai qu'on voie fréquemment une simple chaîne de montagnes, une rivière, un fleuve, un bras de mer offrir sur l'un de ses versants ou de ses rivages, des coutumes, des lois, des mœurs qui font contraste avec les lois, les mœurs, les coutumes, les études favorites, le mode de traiter les maladies, le système d'enseignement, les croyances, enfin, qu'on voit généralement être adoptés par les peuples indigènes des rivages et des versants opposés?

Où donc veut en venir l'auteur avec ce grand préambule? Où je veux en venir, le voici : A montrer qu'il serait absurde de supposer qu'on trouvât dans les deux Observatoires de Paris et de Greenwich une complète uniformité d'esprit, de procédés et de méthode ; cela n'a pas besoin d'être démontré.

Nous ne jugeons pas non plus nécessaire de rapporter ici ce que sont l'emplacement, la distribution, l'installation des deux Observatoires. Ces divers éléments sont ce qu'ils ont pu et non ce qu'ils ont dû être, chacun dans les circonstances où il s'est trouvé.

A Paris, les constructions furent faites en 1668 sur les plans fournis par Perrault, l'architecte du Louvre. Il dut en résulter plus d'ensemble et d'unité. Mais quel luxe de solidité, quelle recherche affectée du grand par le massif, et du complet par l'inutile, c'est-à-dire le nuisible !

A Greenwich, qui n'apparaît que quelques années plus tard, les constructions ne se font que quand le besoin s'en fait sentir, aujourd'hui l'une et demain l'autre; tout semble fait en pièces de rapport ; point de dessein, point d'unité, si ce n'est celle d'une vaste cour intérieure qui relie tout par un grand vide; point d'apparence architecturale, si ce n'est sur le logement du directeur dont les lignes sont d'un goût assez pur. Ces lignes avaient été dessinées par Wren, architecte connu de cette époque.

Des deux établissements on peut dire, que leurs développements successifs ont marqué chacun des progrès qu'a faits la science; et que, soit au delà, soit en deçà du détroit, on pourrait lire dans ces constructions caractéristiques ce qu'a été à ces diverses époques l'histoire de l'astronomie chez les deux nations. — Passons aux instruments.

Ce n'est pas le nombre, c'est la bonté, c'est la précision des instruments qui fait la bonté, la valeur d'un Observatoire. Jugé à ce point de vue, Greenwich est riche.

Une grande lunette méridienne se fait distinguer des connaisseurs. Sa longueur focale qui est de 5 mètres, le diamètre exceptionnel de son objectif, les précautions que prirent les artistes à qui la construction en fut confiée, pour la parfaite coïncidence des axes optique et géométrique, les matières rigides dont fut formé, son tube et une foule d'autres minutieux détails pour qu'elle fût affranchie ou corrigée avec facilité de toute erreur de collimation, de niveau et d'azimut, ont fait d'elle un instrument du plus haut mérite.

Toutefois, en l'analysant avec soin, on se demande si ces énormes piliers qui supportent l'axe horizontal, ne pourraient pas être un peu moins lourds ; si ces contre-poids destinés à soulager les appuis des pivots ne pourraient pas être moins massifs ou mieux dissimulés; si l'on n'aurait pu mieux garantir par des balustres ces dépressions profondes sous le sol, où les observateurs sont obligés de s'engouffrer pour les passages d'astres voisins du zénith; enfin, si les coupures pratiquées dans le toit n'auraient pu être recouvertes d'écrans mus par un mécanisme moins primitif. Il faut beaucoup de qualités positives pour en compenser un si grand nombre de négatives.

Si je mets en parallèle avec cet instrument, où les opticiens anglais ont déployé tout le génie pratique dont ils sont doués, les deux lunettes méridiennes de notre Observatoire français, et le magnifique et précieux mural dont le grand cercle divisé surpasse en précision tout ce que l'on peut imaginer; si je m'arrête à ce magnifique instrument des passages au bout de la même salle; si j'en considère le pouvoir amplifiant, l'achromatisme parfait, le jeu si facile, le péril de l'excavation si bien conjuré par d'élégants balustres, le mécanisme ingénieux par lequel on obtient un ciel découvert instantanément, dans cette salle si sombre et si hermétiquement close l'instant d'avant, — quelle que soit l'impartialité que je veuille mettre dans mon jugement, je ne puis ne pas accorder hautement la préférence à l'Observatoire de Paris.

La balance penche encore dans mon esprit en faveur de ce dernier quand je rapproche nos deux lunettes astronomiques, l'une de Gambey et l'autre de M. Lerebour (si je ne m'abuse), que renferment les deux dômes tournants de la haute plate-forme, — avec le fameux instrument analogue qui se voit à Greenwich, et qu'on nomme l'instrument altazimutal.

Nos deux coupoles rotatives, surtout la grande, sont des chefs-d'œuvre de serrurerie et de mécanique, et les instruments qu'elles abritent leur sont parfaitement assortis. Quelle beauté, quelle solidité d'ajustement, malgré l'élévation de l'ensemble. Un plancher de 13 mètres, en fer, tournant avec sa charge de spectateurs, et dans son milieu une autre plaque de 3 ou 4 mètres ne tournant pas, maïs supportant le pied parallatique qu'on dirait vivant et intelligent; c'est ce dernier en effet qui meut cette grande lunette. Malgré la course agile d'un astre sur son objectif, elle ne quitte plus cet astre, le tient fixé sous son regard, pénétrant si loin dans l'infini des cieux et donnant à l'astronome des nouvelles de cette immense et lointaine région.

A Greenwich que voit-on? Vous escaladez une tour sur laquelle des planches de sapin forment une chambre dont le toit circule sur lui-même, poussé par une manivelle et porté sur des boulets. Cela est-il bien stable? L'instrument est placé sur une épaisse colonne, roulant sur un cercle divisé. Mais pour soutenir cette colonne, et rendre son extrémité supérieure immobile, qu'a-t-on fait? six énormes arcs-boutants de fer appuyant leur bout inférieur sur le plancher, se réunissent par couples, vers le haut. Trois grandes barres s'articulent avec les trois couples, ce qui forme un grand triangle de fer près du plafond et horizontal. Il est facile d'y relier la monture de l'altazimutal.

Mais sur cette base de six colonnes de fer, croit-on qu'il soit possible que les variations de température ne dérangent pas l'appareil. Le côté méridional du toit se chauffe davantage que le côté opposé. Les dilatations de ces six appuis métalliques doivent forcément être inégales; plus de niveau dans les poutres de fer, plus de verticalité de l'axe, plus de précision possible de la lunette altazimutale. Il y a donc deux défauts, défaut de solidité, défaut de stabilité dans la base de la lunette. On peut pallier ces défectuosités évidentes; on peut les atténuer par le grand nombre des observations et en prenant des moyennes; mais je serais bien trompé, quelque haute opinion que j'aie de l'habileté des savants d'outre-Manche dans l'art de corriger les erreurs, si, en définitive, il n'en restait pas quelque trace dans les résultats ainsi obtenus.

Un très-bel héliomètre de Frawenhofer enrichit Greenwich. Je ne pense pas que notre Observatoire possède rien qui puisse lui être comparé. L'astronomie française n'a pas accordé à cet instrument une faveur égale à celle qu'il reçoit de la part de la science étrangère. Je dois avouer mon incompétence sur cette question.

L'Observatoire français serait obligé de s'avouer distancé par l'Observatoire anglais à l'endroit d'un instrument célèbre, le gigantesque télescope de lord Ross, si cette construction étonnante, de laquelle sont provenues tant de trouvailles inattendues et tant de données nouvelles et précieuses sur les étoiles doubles et sur les nébuleuses, faisait partie de l'outillage scientifique de Greenwich; mais il n'en est rien : notre étude comparative sortirait de son cadre si nous étendions notre parallèle au delà de ce que renferme ce dernier monument.

Respectons ces limites et, pour continuer notre tâche, cherchons si par les découvertes dont chacun des deux observatoires peut revendiquer la propriété, l'un des deux a mieux mérité que l'autre de l'astronomie.

Disons-le d'abord, le hasard a beaucoup de part dans les découvertes; le criterium qu'on voudrait tirer de leur nombre pourrait bien être mensonger. Voyons pourtant.

A l'actif du bilan que nous avons à dresser, et d'abord au profit de Greenwich, que placerons-nous? Nous allons négliger les détails, en nous bornant aux grands traits : Disons aussi que Greenwich pour nous, c'est l'astronomie anglaise.

Le sextant à réflexion et le pendule à compensation, l'un construit par Halley et l'autre par Graham, ouvrent le compte. Il se continue par l'invention des verres achromatiques due au proscrit Dollond et que la France, marâtre envers l'un de ses enfants, ne peut pas revendiquer.

Bradley complète la découverte de Rœmer, relative à la vitesse de lumière. L'aberration de ce fluide et la nutation de l'axe de la terre constatées l'une et l'autre par Bradley, appartiennent à l'Observatoire de Greenwich.

Rattachons-y aussi, comme éminemment anglaises, les grandes et nombreuses découvertes de Newton : Construction du télescope portant son nom, loi de l'attraction universelle, sans laquelle la science astronomique serait encore une énigme obscure.

Le couronnement des découvertes qui font l'apanage de Greenwich est dans celles dont Herschell, et plus tard Lassell furent les heureux auteurs.

L'aplatissement des planètes Mars et Saturne, et la rotation de ce dernier ; la trouvaille d'Uranus et de six de ses imperceptibles satellites, voilà la part d'Herschell : celle de Lassell, qui, comme le dernier venu, avait moins de chances, est encore glorieuse, puisque sa lunette a donné deux satellites de plus à Uranus, un (le huitième) à Saturne ; enfin l'unique

que possède jusqu'à présent Neptune. Il] y a là de la gloire pour Greenwich ; mais hâtons-nous de dire que l'actif de l'Observatoire impérial de Paris, peut à beaucoup d'égards lui disputer la palme. Les riches contingents apportés par Descartes, Cassini, la Place, Dalembert, Arago, Méchain, Delambré, Le Verrier, suffisent pour cela.

Quelques détails succincts le feront comprendre.

Déjà l'optique, ce bel art sans lequel l'astronomie est frappée d'impuissance, avait dû ses progrès les plus marquants à Morin, à Anzout, à Rochon, à Le Roy, des Français, de qui le nom ne doit pas être mis en oubli, car ils préparèrent la route qu'ont parcourue avec gloire MM. Gambey, Cauchois et Lerebours. Micromètres, échappements, arcs divisés, ressorts spiraux isochrones, verres achromatiques, tout cela est sorti de la France.

Plus directement encore, à qui est due la découverte des lois de la réfraction ? Personne ne la dispute à Descartes. A qui, la première observation de la rotation sur leur axe de Jupiter, de Mars, de Vénus? Qui oserait en découronner Cassini, à qui Saturne doit aussi la proclamation de ses premier, deuxième, troisième et quatrième satellites? L'aplatissement de Jupiter fut également constaté par cet illustre observateur. A toutes ces conquêtes de notre Observatoire, il faut ajouter, si nous voulons être juste, ces mesures de divers degrés terrestres, faites en bravant tant de périls par les membres de l'Académie des sciences, d'où dérive, évident et incontesté désormais, l'aplatissement de notre planète. L'actif de notre bilan augmente comme on le voit, et nous n'avons pas encore mentionné la Place, démontrant la stabilité du mécanisme céleste contre l'objection tirée des inégalités séculaires des corps du système. Ces inégalités (la Place le prouva) ne sont que des oscillations autour d'un état moyen : apologie de Dieu, s'il en fut jamais, faite par un savant incrédule!

Mais MM. Arago, Le Verrier, Léon Foucault, entrent en scène, et quel contingent apporte leur génie fécond!

Je ne cite du premier que son polariscope et la photosphère gazeuse dont il démontre que le soleil est environné ; du second, que Neptune, qui arrive, fidèle et soumis, au bout des calculs algébriques qui l'ont évoqué; du troisième, que ses deux ingénieux gyroscopes, et son admirable instrument à mesurer la vitesse de la lumière, et ce télescope nouveau à réflecteur de verre argenté, gros instrument que règle un pendule à mouvement conique, deux découvertes, l'une portant l'autre ; sans compter la loi analytique qui les unit.

L'Observatoire français vient, par notre plume, d'exhiber ses valeurs ; nous ne pensons pas qu'il ait lieu d'être humilié de l'état de son bilan.

Il ne nous reste qu'un point à traiter, mais il est délicat : c'est celui des doctrines qui caractérisent chacun des deux Observatoires séparés par le détroit.

On a beau dire, en effet, que la famille européenne s'est mélangée ; que chaque peuple a perdu son empreinte primitive; que chaque jour tend à effacer les contrastes entre les caractères des diverses nationalités.

Cela peut être vrai, sans que les linéaments principaux qui sont au fond du caractère des sociétés humaines aient complétement disparu.

Quelques-uns de ces linéaments, en ce qui concerne les deux Observatoires de Greenwich et de Paris, ont même été déjà signalés dans ce chapitre. Chacun d'eux porte en soi une tendance particulière qui n'échappe point à un coup d'œil exercé. C'est à des degrés très-variés, la présence ou l'absence de la pensée religieuse, et du sentiment évangélique.

Reconnaître dans l'un des deux établissements une grande déférence pratique pour la méthode dont Bacon et Newton se firent les législateurs et les modèles ; méthode modeste et respectueuse envers les convictions des âmes chrétiennes ; c'est désigner suffisamment Greenwich.

Constater de l'autre côté, avec l'affirmation vive et fière de ces mêmes règles, la réserve tacite de ne pas les suivre, quand une autre marche semble pouvoir conduire plus vite au but ; trouver dans l'emploi de l'hypothèse une source aussi féconde de découvertes, la préférer souvent à l'analyse laborieuse ; oublier que l'abus, que l'écueil est là ; qu'on glisse, qu'on tombe facilement sur cette pente ; oublier que des exemples de ces chutes existent sous nos yeux (nous nous interdisons toute personnalité) ; oublier cela maintes fois, n'est-ce pas désigner et caractériser Paris ?

L'Observataire de Paris l'emporte certainement sur son émule, par l'élégance et par la grâce de son matériel, et par l'ardeur française dans l'emploi des moyens de découverte, mais les doctrines sceptiques et sensualistes, plus ou moins voilées et contenues, s'y trouvent à peu d'exceptions près. La Place et son école y font encore aujourd'hui l'opinion. De nombreux indices ne remontant pas à une date éloignée semblent le prouver.

A Greenwich, c'est le contraire. Je m'explique : garantir le spiritualisme chrétien de tous les savants anglais n'est pas dans ma pensée. Je veux dire dans le sens le plus large, que ce qui est majorité et minorité d'un côté du détroit, change de place de l'autre côté. Newton, Adisson, William-Paley, Milton, Chalmers y ont des continuateurs. Flamsteed ramène plusieurs fois le saint nom de Dieu dans ses ouvrages ; les causes finales, sous la réserve que nous avons mentionnée, sont admises par Mackensie et par Airy. L'illustre Faraday est croyant (hélas ! il faut dire fut croyant). Enfin Herschell a écrit une lettre à Le Verrier, sous la date du 28 février dernier. Dans cette lettre que les journaux français ont rapportée, l'auteur jette un défi à tout venant, de soutenir l'hypothèse cosmogonique de M. la Place.

Les documents sur ce point m'ont manqué ; je n'ai pas voulu faire usage de quelques-uns de ceux que je possédais. J'en ai dit assez : aller plus loin serait indiscret et téméraire.

D'ailleurs *le vent souffle où il veut.* Quelles sont les destinées de notre religion et de la science dans notre vieille Europe ? nul ne saurait le dire. Le chandelier peut être ôté, peut se déplacer, peut s'éteindre.

Saint Paul vogue vers Rome, car la lumière de l'Orient pâlit. Il est assailli par la tempête, il fait naufrage, il est pris pour un meurtrier, puis pour un Dieu.

Le voilà dans Rome ; il y prêche librement le règne de Dieu. Puis les cachots obscurs de Néron se referment sur lui, et leurs chaînes étreignent les membres endoloris de l'apôtre.

Qui lui eût dit, au milieu de ces cruelles vicissitudes, que cette Rome, au bout de quelques années, deviendrait un centre pour cette foi dont il était le martyr ! Que de ses murs s'élancerait sur le vaste empire la lumière chrétienne ! Qui lui eût dit surtout que plus tard cette même lumière y pâlirait de nouveau ?

Le vent souffle où il veut ! Les arides déserts, les vagues soulevées des océans ne l'arrêtent pas ; il franchit les hautes chaînes ; comment les détroits l'arrêteraient-ils ? Qu'il aille donc, qu'il franchisse les frontières ; *los terminos de la habitacion de ellos ;* qu'il souffle sur tous les ossements desséchés, afin que la vie y renaisse et qu'ils deviennent une multitude vivante !...

XII

UN MICROSCOPE AVOCAT

> Vous le rapetissez... et moi je le dilate !
> (PONSARD, *Galilée.*)
>
> Deus ita artifex in magnis, ut minor
> non sit in minimis.
> (Saint AUGUSTIN, *Cité de Dieu.*)

Ce n'est guère l'usage parmi les vulgaires détracteurs de l'Évangile de demeurer muets devant les
preuves les plus concluantes des apologistes de la Religion. Si, de nos jours, ses adversaires instruits gardent un silence qui veut se donner une attitude digne
et scientifique, la foule irréligieuse ne se résigne pas
à ce rôle. Il lui faut un flux de paroles pour voiler des
raisonnements dont elle sent la faiblesse.

Il était facile de vérifier cette observation au milieu
de la foule de curieux et de curieuses, d'artisans,
d'étudiants, de professeurs et d'autres hommes let-
trés, attirés devant la grille du monument impérial,
un peu avant l'heure de son ouverture, le lendemain du
jour où nous y avons introduit nos lecteurs, à la suite
de la famille Sutterville. Cette foule était compacte,
mue qu'elle était par une curiosité violente, longtemps
inassouvie. Des propos variés qui s'échappaient de

tous côtés, quelques-uns demeuraient inachevés. D'autres se changeaient en exclamations impatientes, d'autres en objections ; ces derniers n'étaient pas les moins nombreux.

« Je ne m'étonne pas, disait l'un, que l'on ait si longtemps tenu ces grilles fermées au public, tout ceci, quand on le connaîtra, va ouvrir bien des yeux. On voulait le peuple aveugle, ignorant ; il y verra clair à l'avenir... »

Un autre s'écriait : Ohé ! voisin, approche donc ; vois-tu là-haut, sur l'angle de la tour, cette petite roue qui tourne tantôt du côté droit, tantôt du côté gauche ! Comprends-tu ce que c'est ? Ponthieu, le mercier du coin, m'a dit que ça faisait pleuvoir, venter, grêler à volonté ; qu'en dis-tu, toi ? — Tais-toi, incrédule, répondait l'interpellé ; ce que je sais, c'est que tous ces télescopes braqués là-haut, et dont quelques-uns marchent tout seuls, inquiètent crânement la police. La paix ou la guerre, voilà ce qu'ils chantent. Attention ! et menons prudemment notre langue : on pourrait bien pincer quelqu'un ici sur le soir.

La porte extérieure s'ouvrant tout à coup, les cartes d'entrée furent demandées par le concierge, et la foule se voyant exclue, se mit à murmurer grossièrement et se dissipa peu à peu.

Mais l'objection qui s'était déjà un peu laissé entrevoir ne se dissipa pas comme la foule ; elle s'accentua même davantage et s'affirma en raison inverse du nombre restreint des privilégiés.

Telle était la formule générale que l'objection avait prise : tous ces télescopes et tous ces mondes découverts par leur moyen montrent bien que notre terre n'est pas la seule à exister. La religion n'avait pas le sens commun de ne parler que d'elle et d'en faire le centre et le pivot de tout. D'ailleurs, elle est si petite auprès des autres astres qui remplissent le ciel par millions. Une petite boule ! Si insignifiante ! Était-ce donc la peine que le directeur de tant de mondes, si tant est qu'il existe, se dérangeât pour si peu ? Lui, si grand, pour des animalcules comme nous, envoyer son fils à la mort ! Légendes, fables, moyen âge que tout cela !...

Nous rendons, sans l'affaiblir, le sens de l'objection : mais elle ne s'exprimait pas en termes aussi formels. Elle s'entourait de vague, elle se laissait deviner par ses signes. Un geste, un mouvement de lèvres, un coup d'œil expressif, un léger contact du coude disaient la chose avec plus de clarté que nous n'avons pu le faire.

Le groupe, présidé par madame Sutterville, n'avait eu garde de manquer cette seconde bonne fortune pour compléter les notions que déjà la veille l'Observatoire lui avait donné l'occasion d'acquérir. Ils écoutaient, concentrés dans un coin, sans se rendre bien compte de la question. Ils soupçonnaient pourtant la tendance des esprits autour d'eux ; ils la soupçonnaient à je ne sais quel trouble et quel malaise instinctifs. Ce fluide sympathique qui circule parfois dans les vastes assemblées, les animant d'une même pensée, ne soufflait pas sur eux, ou agissait en sens inverse. Ils se sentaient gagnés peu à peu par une influence délétère qu'ils n'auraient pu définir, et madame Sutterville fut un moment sur le point de donner le signal du départ à ses enfants.

Un autre groupe assez nombreux, après avoir erré de salle en salle, et d'objets en objets, s'était fixé devant une machine inconnue.

Elle était merveilleuse : Un appareil extérieur recevait les rayons du soleil, les transmettait à un cristal convexe; puis à travers la muraille, ces rayons réfractés étaient reçus sur une autre lentille ; mais au-devant des verres grossissants, sur des plaques transparentes, des objets infiniment petits étaient fixés. Organes microscopiques des plantes; sels et cristaux en dissolution, animalcules nageant dans des gouttelettes de certains liquides, globules du sang et autres objets étaient saisis par l'appareil, illuminés par le rayon solaire, et, amplifiés sous un énorme grossissement, ils s'allaient peindre, avec leurs formes, leurs mouvements, leurs couleurs, contre un mur intérieur opposé à l'ouverture par où les rayons lumineux avaient pénétré.

Décrire le spectacle qui s'offrait aux regards dans le cerceau lumineux projeté sur le mur, quand les volets eurent été exactement fermés, serait chose difficile. Dans cette goutte d'eau devenue colossale, des milliers d'infusoires nageaient, rampaient, tourbillonnaient, se poursuivaient, se dévoraient.

D'imperceptibles moisissures avaient pris l'aspect de forêts touffues qui se couvraient à vue d'œil de feuillage, de fleurs, de fruits, ceux-ci pourvus de leurs graines, et ces graines de leurs embryons ; l'infini de l'infini en petitesse.

L'œil pouvait suivre ces fragments de sels, aux formes cristallines, jusqu'en leurs plus minimes molécules; l'agression de l'acide dissolvant devenait visible; atteints, frappés, corrodés, on les voyait succomber, rouler, s'accumuler en débris mouvants; ne résister un moment que pour subir l'instant d'après une démolition plus complète : attaque, combat, résistances, défaite, tout cela était comme vivant sous le regard; un millimètre cube de sulfate de soude ou de magnésie était la scène de ces émouvantes péripéties.

Nos amis, mêlés aux autres curieux, n'avaient voulu rien perdre de cette curieuse représentation d'optique et de physique à la fois. Mais il s'en était suivi pour Augustin surtout une grande fatigue. La vive lumière du disque ardent, l'insomnie d'une nuit agitée, la multiplicité fantastique des objets contemplés, la migraine, avaient agi sur ses sens comme un narcotique. Comme il cherchait un lieu retiré où il pût s'asseoir, il avait rapidement remarqué un microscope d'une autre forme, installé sur une console. Il avait passé outre. N'importe, télescope, microscope, cristaux, astres, insectes, infusions, certitudes, doutes se heurtaient dans son cerveau. A la fin, devant lui, un banc se rencontre, il s'y assied, il cède au sommeil : doux et facile sommeil que celui des hommes de dix-sept ans, quand ils sont fatigués.

Qui ne connaît les bizarres et fantastiques associations d'images que le sommeil évoque devant un homme assoupi ! Voilà ce qu'affirment les plus sagaces observateurs de ces curieux phénomènes : prenant pour origine les dernières impressions de la veille, l'imagination brode sur ce canevas toutes les arabesques de la fantaisie; mais ce n'est pas au hasard, on y découvre une certaine suite. L'image en formation conserve quelque chose de celle qu'il l'a précédée, elle y ajoute quelque chose aussi, et puis elle transmet à la suivante quelque chose de son propre type. Ainsi se succèdent ces formes en se fondant et en s'amalgamant les unes dans les autres. Les accidents fortuits de pose, de digestion, d'excitation nerveuse du dormeur jettent aussi sur le rêve une teinte riante ou lugubre; le drame féerique, combinaison de tous ces éléments variés, se déroule ainsi jusqu'au réveil.

Or, la dernière impression d'Augustin encore éveillé avait été ce microscope qu'il avait, en passant, vu dressé sur une tablette. A son oreille avait retenti les objections; quelques jours avant, il était entré dans la salle d'un tribunal où un avocat revêtu de sa robe de palais gesticulait en plaidant, sa toque à la main. Tous ces objets voltigeant dans les nuages d'une pensée qui cesse de s'appartenir, s'associent au microscope amplifié, comme le génie des contes arabes. Le télescope, cause de l'objection, est un coupable qu'il faut confondre. Le microscope passé avocat est affublé par le rêve de la robe et du bonnet. Une voix grêle et cristalline se fait entendre; on plaide. Chut!... Écoutons.

Messieurs, disait le fantastique orateur, c'est par les plus imperceptibles moyens que je viens plaider devant vous la plus grande des causes. Qu'importe, si mes raisons sont justes, ni votre intérêt, ni votre indulgence ne me feront défaut. J'y compte.

Depuis que mon honorable collègue, le télescope, est au monde, il s'est produit, non par sa faute mais à son occasion, certains bruits sur le grand être créateur et conservateur de tout, sur Dieu ; et ces bruits font injure à sa puissance, à sa bonté, à son existence même. L'on a dit, à huis clos il est vrai, mais on a dit que les découvertes de l'astronomie moderne, ces soleils, ces mondes par millions, dont le ciel se trouve peuplé, grâce à la puissance nouvelle donnée par les instruments à l'œil humain rendaient difficile à admettre la nécessité d'une religion. Notre terre, a-t-on dit, depuis ces grands progrès n'occupe plus le centre de l'univers; elle a beaucoup perdu de son importance, et son rôle est devenu tellement insignifiant qu'on se demande comment une habitation aussi chétive aurait pu être l'objet d'une sollicitude aussi tendre que celle que Dieu, d'après la religion, lui a toujours témoignée. Dieu est trop grand pour s'être occupé de nous, trop grand pour nous avoir visités, trop grand pour nous avoir, par le sang de son fils unique, rachetés du péché.

Permettez-moi, messieurs, de vous le demander trouvez-vous cette manière de raisonner très-logique ? Quoi! parce que l'univers, grâce à la science, se montre plus grand, Dieu se trouverait rappetissé? Parce que le le télescope a fait découvrir des mondes nouveaux, l'on cessera d'admettre le besoin d'un bras puissant qui soutienne tous ces mondes? Mais c'est la conclusion contraire qu'on aurait dû tirer de ces découvertes dans le ciel, et plus la création se montre magnifique, plus doit se montrer grande l'admiration et fervente l'adoration pour le Créateur.

Du reste, je vais vous montrer, messieurs, si le créateur dédaigne les petites choses comme peu dignes de ses soins, car si mon frère le télescope vous a révélé le monde des infinies grandeurs, moi, aussi bien que lui fils légitime de notre mère commune, la science, je suis chargé par elle de vous révéler un autre monde, non moins admirable que le sien, le monde des infinies petitesses. Vous verrez là si Dieu dédaigne les petites dimensions, si le grand, le petit ne sont pas pour lui la même chose, chose également digne de son immense amour.

Veuillez vous approcher et placer votre œil là. Devant vous est la petite cellule d'une feuille, mais voyez donc le mouvement circulatoire du liquide qui la remplit, là la séve s'élabore, là la respiration s'accomplit, ce mystère d'un gaz absorbé, d'un autre expulsé; un choix fait par une cellule! Voyez ici, dans cette gouttelette la légion des microscopiques; qu'elle perfection d'organes, quel outillage puissant! Vrilles, tarières, pinces, tenailles, limes, rapes, vilbrequins, scies, pompes, épées et poignards. Ne faut-il pas percer, scier, couper, tarauder, pomper et tuer? On a pourvu à tout. Et admirez l'habileté de l'artiste. Comme c'est fini, comme c'est poli! Comme ces dentelles sont délicatement ouvragées, comme ces gazes sont transparentes! Faites la comparaison avec nos soies, nos velours, nos fleurs, nos cristaux, nos bijoux. Quelle humiliante infériorité de main-d'œuvre de notre côté!

Votre hâte à taxer Dieu d'insuffisance ou à l'annuler, parce que mon ami, le télescope, avait découvert de nouveaux espaces peuplés de soleils, n'était donc qu'un sophisme, et le pire de tous, puisqu'il était à la fois sot et ingrat.

Quand vous voyez un souverain généreux quitter en toute hâte sa capitale et la splendeur de ses palais, accourir dans quelque province obscure que ravage un fléau destructeur, et répandre les secours de sa richesse et la joie de sa présence, quelle que soit l'insignifiance et la pauvreté du lieu secouru, direz-vous que le monarque s'est amoindri à vos yeux par une telle action; sa gloire, sa personne, sa dynastie mériteront-elles moins par là l'admiration et l'amour de ses peuples?

Ta petitesse relative, ô Terre, et les soins protecteurs et rédempteurs qui t'ont été et qui te sont encore, malgré cela, si tendrement prodigués, doivent te rappeler toujours plus ce que tu dois à cette majesté qui t'a visitée dans ta déchéance? Non, vous n'êtes pas petites à ses yeux, planètes que le télescope seul découvre, et, vous satellites de Jupiter, de Saturne, d'Uranus, vous êtes dépouillés de votre petitesse à ses yeux; rien n'est petit, rien n'est grand, tout est relatif pour son infinie omniscience. Lui seul est grand, lui seul est sage, seul saint, seul bon!

Augustin, et le microscope avocat qui plaidait de la sorte dans son rêve, en étaient arrivés là, quand le dormeur se sentit secoué par une main amicale. Le mirage s'évanouit à l'instant, la réalité reprend son rôle. Augustin ouvre les yeux, voit ses amis, sa mère, leur sourit, leur serre la main d'un air un peu étonné. Ah! si vous saviez, leur dit-il, quel rêve j'ai fait ! Il y avait du bon pourtant, ajoute-t-il.

HÉLÈNE. — Tu nous raconteras tout cela en temps opportun. Nous te cherchions depuis une demi-heure et plus, pour aller prendre le repas et nous commencions à être anxieux sur ton compte. Viens, tu dois être fatigué et affamé.

Ce ne fut que quelques semaines après, qu'Augustin fit à sa famille dont les conversations intimes revenaient volontiers sur les scènes de l'Observatoire, le récit de cet incident; les plus petits détails s'en étaient empreints d'une manière ineffaçable dans ses souvenirs.

XIII

BUDGETS... PERTES ET PROFITS

> Est enim divitiarum fructus in copia.
> (CICÉRON, *Tusculanes.*)

Dans mon désir de mettre sous les yeux du public une esquisse aussi complète que possible, j'ai soigneusement compulsé quelques-uns des budgets de l'État, à l'endroit des allocations dont l'Observatoire a été l'objet, spécialement pendant les dernières années.

Voici les chiffres officiels que j'ai recueillis :

BUDGET DE 1866

Astronomes, employés, etc.	98,400 fr.
Achat d'instruments.	38,060
Impressions.	8,000
Chauffage, éclairage.	8,000
Bibliothèque.	600
TOTAL.	155,060 fr.

Une somme additionnelle considérable a, si je ne me trompe, été ajoutée à celle-là par une allocation du budget extraordinaire de la même année. Pareilles sommes sont demandées pour l'année 1867. En outre, le bureau des longitudes a été doté pour 1866 de la somme de 97,000 francs. La science, on le voit par ces chiffres, n'a pas à se plaindre, dans ce domaine-là du moins. Je l'avoue même, si j'avais l'honneur de prendre part aux discussions budgétaires (bien que je n'aie pas la moindre propension aux prodigalités, sachant dans quelle bourse on puise ces larges allocations), tout bien pesé et considéré, je n'aurais pu, en conscience, refuser mon assentiment et mon vote à celles-là.

Je vais en exposer les motifs.

Un service météorologique a été organisé à côté du service astronomique. Ce qu'a coûté une pareille adjonction doit être considérable. Pour se procurer cet outillage nouveau et d'un prix élevé, pour installer, d'une manière convenable ces instruments délicats et nombreux, il a fallu de grands sacrifices, car le médiocre en ce genre est ce qu'il y a de plus dispendieux.

Pour initier aux devoirs de ce difficile service, et pour y fixer des hommes d'une capacité reconnue, d'un zèle éprouvé, dont les soins, le savoir, la vigilance ne laissassent échapper inaperçu aucun des phénomènes atmosphériques, et sussent les apprécier, les analyser, quelles recherches, quelles études, partant quels honoraires rémunérateurs n'a-t-il pas fallu? Le mérite ne veut ni ne doit connaître le besoin ; et encore ici rien n'est plus cher que le médiocre.

C'est ce qui fait que les sommes allouées commencent à me paraître moins fortes.

D'ailleurs tout se lie et tout s'entre-croise dans une civilisation comme la nôtre. Qui pourrait dire ce que l'expansion des deux sciences annexées dans le même local amène d'affluents au commerce, aux industries et aux arts, ces sources productrices de la richesse?

Si quelqu'un s'avisait de nier les services que l'art nautique a reçus de l'astronomie, nous lui répéterions les termes mêmes de cet arrêté qui motiva la fondation du plus riche observatoire de l'Angleterre. « C'est dans le but exprès, disait cet acte de Charles II, en 1675, de connaître les mouvements célestes, et d'arriver par eux à trouver les longitudes en mer, au profit de la navigation. *For perfecting the art of navigation.* » En effet, c'est l'astronomie qui a fait de la navigation une science. C'est à elle qu'est dû l'art de trouver la longitude en mer, ce point si capital de toute navigation.

Mais d'un autre côté, les avertissements par le télégraphe que transmet tous les jours le bulletin de l'Observatoire à un grand nombre de stations éparses sur l'Europe entière, ont déjà sauvé bien des navires. La bourrasque est signalée, la mer est mauvaise au large. On ne part pas, on attend. Le plus grand nombre des sinistres est le partage des marins qui n'ont pas voulu, ou qui n'ont pu écouter l'avis. Peut-on penser qu'à une époque où, vu la multitude des navires qui sillonnent les mers, un seul automne a pu compter treize cents naufrages dans les seules mers de l'Europe, quelques allocations de plus, en faveur d'un établissement que sa situation a fait le médiateur obligé de ce beau service international, aient été inopportunes? Personne n'oserait l'affirmer.

Encore quelque temps, et d'autres bénéfices de notre établissement météorologique vont se révéler à tous

14.

les yeux. Il ne s'agit que d'ajouter quelques stations de plus à celles qui existent, pour que la plupart de nos grands centres agricoles puissent recevoir le bulletin journalier de l'Observatoire, annonçant la prévision du temps.

Or, entre la météorologie et l'agriculture que de liens, que de points de contact inconnus ou dédaignés! L'apprentissage pratique de quelques-uns de ces points de contact éviterait assurément une certaine quantité de pertes, et augmenterait certains produits. Comprend-on bien dans toutes nos campagnes de quel accroissement de fertilité on dote un champ, un vignoble, quand on sait et qu'on veut les mettre à l'abri de l'invasion des eaux stagnantes. Sait-on à combien peu de frais une source, une filet d'eau qui se perd, amenés avec art sur un domaine, peuvent y apporter de fécondité et de richesse? La plantation de certains abris contre des vents malsains; le choix judicieux de l'emplacement pour les habitations, un site aéré et salubre pour les granges, une prairie bien drainée, un climat sérieusement étudié, les vents régnants, les mois pluvieux, l'aptitude du sol à produire tels ou tels fourrages, les assolements propres à chaque région agricole, ceux qu'il serait ruineux de tenter en grand, dans d'autres régions, quel catalogue (et il est encore bien incomplet) de choses sur lesquelles de saines notions météorologiques seraient avantageuses à nos cultivateurs! Que d'utiles enseignements le service météorologique pourra donner et donne déjà par les questions qu'il pose, les concours qu'il ouvre, les publications qu'il patronne, l'impulsion enfin forte, savante

et populaire qui s'irradie autour de l'Observatoire !
L'agriculture y trouvera son compte ; l'État y trouvera
le sien ; car, s'il faut en croire un grand maître, Olivier
de Serres, labourage et pâturage sont les deux ma-
melles qui le nourrissent.

Sur cette nécessité d'étudier sans cesse les phénomènes de l'air, pour faire profit de ce qu'ils ont d'avantageux, et parer à ce qu'ils ont de nuisible, que ne disent
pas les auteurs (si compétents en cette matière), de la
Maison Rustique du dix-neuvième siècle? Que n'a pas
dit et recommandé mille fois l'illustre et regrettable
de Dombasle? Non moins regrettable et non moins
illustre, M. le comte de Gasparin a toujours insisté sur
le même point. Leur digne et savant continuateur,
M. Boussingault, consacre presqu'un volume entier
à démontrer le même principe fondamental de l'agriculture.

L'opinion qui ressort de ces grandes autorités est
celle-ci : la production agricole du pays, quand les notions dont nous parlons y seront vulgarisées, s'élevera
d'un vingtième immédiatement, et d'un dixième au
moins après une pratique de quelques années.

C'est donc à un taux fort élevé que les corps discu-
tant les allocations du budget ont placé cette partie de
l'impôt levé sur le pays ; argent bien employé, car on
voit manifestement apparaître le circuit rapide qui le
transformera en richesse nouvelle.

La transformation n'est pas là tout entière, et l'on
aurait tort d'en omettre un des points essentiels.

Les États ont besoin d'être riches en hommes ; en
hommes dans la grande acception du mot, savoir: en

hommes valides, sains, vigoureux autant qu'instruits, capables de supporter les fatigues de la guerre, et surtout les fatigues et les travaux de la paix, la guerre n'étant qu'une exception. Quel capital que celui d'une population nombreuse et forte, animant de son ardeur virile les campagnes, les ateliers, les ports et les voies de communication d'un empire !

Examinons si les grands établissements scientifiques ne contribueraient pas pour une forte part, bien que moins directe, à cette richesse-là, comme à l'autre.

Pourquoi les populations des contrées les plus riches sont-elles, en général, plus fortes et plus vivaces que celles des pays appauvris ? C'est à l'aisance, c'est au bien-être qu'est dû cet heureux résultat. Mais qu'on réfléchisse aux causes de cette aisance elle-même ; on trouve infailliblement que ces agents producteurs sont l'agriculture, l'industrie, le commerce, la navigation.

Si donc, ainsi que nous l'avons montré la physique du globe et la science des astres par une féconde association, ont servi la production agricole ; si cette augmentation de bien-être a permis une alimentation plus variée, plus abondante et plus saine ; si, quand les produits indigènes sont venus à manquer, une marine instruite et nombreuse y a suppléé par des importations ; si, par tous ces moyens, ni bois de construction pour ses demeures, ni matières textiles pour ses vêtements, ni médicaments exotiques pour ses maladies ne lui ont jamais fait défaut ; dans de telles conditions, ce peuple mieux logé, mieux vêtu, mieux nourri, mieux entouré de soins médicaux a dû se mieux porter.

Sous l'influence d'une meilleure hygiène, la santé publique s'est fortifiée, le chiffre de la mortalité s'est abaissé, la durée de la vie moyenne s'est accrue.

Comment ne pas mettre cette amélioration en grande partie sur le compte des lumières de tous côtés éparses et sur les établissements d'où elles rayonnent. Toutes les branches d'une civilisation avancée y ont certainement concouru : arts, justice, administration, écoles, mœurs, religion. Mais il serait illogique et injuste de ne rien attribuer à la science et à ses monuments. Quant à préciser la proportion dans laquelle ces sciences du ciel et des météores ont agi dans le sens d'un résultat si complexe, il faut y renoncer. Cette proportion est grande : on peut l'affirmer. Toutes les vicissitudes de la santé, comme tous les phénomènes de la production agricole s'accomplissent dans l'air. Étudier l'influence de cet inévitable milieu, protéger les institutions qui popularisent cette étude, c'est travailler pour le pays ; allouer des fonds pour cet objet, c'est faire un placement à gros intérêt.

A ces divers points de vue, les budgets de l'Observatoire sont aussi solidement légitimés que tous les autres. Bien des esprits de haute portée sont même convaincus que ces allocations sont loin d'atteindre la quotité que des services de cette importance semblent réclamer, et auxquelles le gouvernement consentira, espérons-le, aussitôt que les circonstances le permettront.

Cette justification faite, est-il nécessaire d'ajouter qu'une lunette astronomique nouvelle, un télescope qui ne soit pas inférieur à ceux que d'autres nations

possèdent, des chronomètres construits par de grands
artistes, les grands réflecteurs, les instruments délicats exigés par la météorologie, les appareils télégra-
phiques, les pieds moteurs des équatoriaux, exigent tous
aujourd'hui, pour être dignes de prendre place dans
un observatoire de premier rang, d'être des chefs-
d'œuvre de mécanique et d'optique. Ils sont par conséquent d'une extrême cherté; on le conçoit facilement.
Il ne faut rien de médiocre dans un observatoire français, je le répète, si l'on veut que la science française
se maintienne au rang qu'elle doit tenir.

La valeur de cette considération n'échappera à personne. Une étroite solidarité existe entre la gloire de
la France et le mérite scientifique de l'Observatoire de
Paris. Il faut tout faire, dans la mesure du possible,
pour que, dans quelque domaine que ce soit, nous ne
soyons devancés par personne. C'est ce que le pays ne
tolérerait qu'avec amertume, lui qui s'était accoutumé
à distancer les autres.

Les défaillances ne lui sont pas habituelles; il a produit et il produit encore des intelligences et des talents
supérieurs; ami des lettres, des sciences, des arts, il
les cultive avec succès, il y excelle. Les produits de
ses industries portent un cachet de supériorité élégante
généralement reconnu.

Parmi tant de supériorités, éléments de sa gloire,
celles que la France prise le plus, aujourd'hui que les
triomphes guerriers ne sont plus que des souvenirs,
sont ses prééminences scientifiques. Elle se souvient
des hommes qu'elle a produits. En astronomie notamment les noms les plus glorieux de l'étranger n'ont

point éclipsé les génies qu'elle revendique. Non, elle
ne descendra pas de la hauteur où ces hommes l'ont
placée. Dût-elle s'imposer de bien autres sacrifices,
elle s'y résignerait; elle les réclamerait, j'ose le dire.
Sa gloire lui est plus chère que son or.

D'autre part, elle est éminemment la nation initia-
trice. Les amis de la religion comptent sur elle à ce
point de vue. Pour conquérir à elles l'humanité, les
hautes pensées ont coutume de prendre l'empreinte
française. Que de fois l'histoire l'a démontré! Si jamais, devenue évangélique, elle entreprenait cette no-
noble propagande, on se demande qui résisterait à sa
généreuse et sympathique ardeur.

Dans un lointain dont aucun œil humain ne peut calculer la distance, ne serait-ce pas une mission providentielle digne d'elle? Opérer enfin la conciliation entre
la science et l'Évangile... anéantir cet antagonisme séculaire dont les recrudescences nous désolent, quelle
tâche!... Et comme à la remplir, un peuple se re-
poserait avec honneur de ses longues luttes pour la
liberté.

C'est le secret de Dieu... c'est le grand problème de
l'avenir... Si j'ose, moi infime, en articuler l'énoncé
devant les savants de l'Observatoire, c'est que dans ma
conviction, ils peuvent, eux, contribuer à le résoudre.
Ils voient Dieu, sans doute, dans ce miroir de la création où ses perfections éclatent. Puissent-ils le voir
aussi dans cet autre miroir où, par l'envoi d'un rédempteur, sa grâce et son amour resplendissent bien
plus encore!

Oh! qu'alors, les budgets de la science, fussent-ils

doublés et triplés, me paraîtraient insignifiants, devant la grandeur d'un tel profit! La nation française, sous l'influence de ses savants, ajoutant le christianisme à sa glorieuse auréole!

Mais, hélas! un tel miracle n'est pas uniquement une affaire de budget... Il faut porter les yeux plus haut... *Sursum corda!*...

XIV

UNE PETITE-NIÉCE DU DOCTEUR CHALMERS

L'Éternel bénit la maison d'Obed-Edom.
(II Samuel, vi, 11.)

Il est peu de personnes, pour peu qu'elles soient versées dans l'histoire scientifique et religieuse de l'Angleterre, qui n'aient entendu parler du docteur Thomas Chalmers.

Écossais d'origine, Chalmers développa de bonne heure un goût prononcé pour les sciences, devint pasteur à Glascow, se fit bientôt connaître en Angleterre, et acquit de nombreux amis à Londres, où son talent comme prédicateur fut apprécié. Plus tard, quand les protestants d'Écosse, se trouvant lésés dans leur liberté par les priviléges dont jouissait l'Église établie, conçurent le projet de se constituer en Église indépendante, on vit Chalmers, dédaigneux des intérêts d'ordre inférieur qui allaient être compromis, approuver énergiquement ce dessein et, avec quelques-uns de ses amis, se mettre à la tête de ce mouvement, un des plus beaux qu'offre l'histoire de l'Église chrétienne contemporaine.

Ce n'est pas ici le lieu de mentionner les nombreuses publications du savant et pieux Écossais, auxquelles plusieurs emprunts heureux ont été faits par l'illustre historien et académicien Guizot, dans son beau livre ayant pour titre : *Méditations sur l'essence de la religion chrétienne.* Ce qui n'est pas un hors-d'œuvre, c'est de dire que Chalmers était plus d'une fois venu visiter l'Observatoire et qu'il y avait été reçu avec distinction par François Arago, qui en était alors le directeur.

Th. Chalmers avait un frère aîné, Peters Ulrich, exerçant à Inverness l'état de mécanicien, et qui mourut jeune, laissant une orpheline que son oncle prit chez lui, fit élever comme sa propre enfant et maria avec un brave officier de l'armée anglaise dans l'Inde.

Dans une rencontre avec les cipayes, cet officier fut tué; sa veuve, alors chargée d'une enfant de sept ans, s'apprêta à rentrer en Écosse, n'ayant aucun lien qui la retînt dans une contrée dont tous les souvenirs étaient funèbres pour elle.

Le chagrin, le climat si souvent fatal aux Européens, les privations peut-être avaient profondément altéré sa santé, de sorte que, le moment du départ pour l'Europe arrivé, elle se trouva trop faible pour se mettre en mer, et, désolée de la perspective de quitter la vie en laissant sa chère petite fille sans protection, elle rendit le dernier soupir en chrétienne, non sans avoir écrit à Chalmers. Elle lui recommandait sa pauvre enfant.

Recommandation superflue!... Chalmers n'eut pas plutôt lu cette lettre, qu'il répondit : Sa maison, ses bras, son cœur étaient ouverts à la petite fille de son frère. En même temps, par l'intermédiaire de l'Amirauté de Londres, il chargea un vieil invalide connu par sa loyauté, et qui retournait dans sa mère patrie, d'entourer de sa protection et de ses soins la jeune orpheline sa petite-nièce.

Elle avait alors neuf ans, était peu développée, maladive, son nom était Lydie Crammer. Nous continuerons à la désigner par le titre qu'elle porte si noblement : l'Institutrice.

Elle allait travailler, en effet, à devenir institutrice. Le digne pasteur Chalmers privé de fortune, ayant lui-même une famille, avait sagement voulu qu'après lui, sa petite Lydie ne fût sous la dépendance de personne ; il avait dans ce but, tâché de lui inspirer le goût de l'enseignement. Ressource honorable, en Écosse surtout, pour un grand nombre de jeunes personnes, cette carrière avait souri à la pauvre enfant ; elle s'était appliquée à s'en rendre digne.

Tous les jours Chalmers consacrait quelques heures à l'orpheline. Guidée par un tel maître, elle avait beaucoup travaillé, beaucoup acquis. L'enseignement mutuel et continu du foyer lui avait transmis en outre une foule de connaissances (en physique usuelle, en histoire, en hygiène, en morale), qu'on trouve rarement dans l'éducation des jeunes personnes. La piété, que sa mère avait déjà pris tant de soin de lui inculquer, n'avait pu que se fortifier au contact chaleureux du vénérable docteur.

Triste et méditative par caractère, Lydie se tenait volontiers à l'écart des distractions que les paroissiens de son oncle auraient bien voulu qu'elle acceptât chez eux, car elle aurait été l'ornement de ces petites réunions ; elle ne s'y refusait pas toujours, mais les impressions qui lui étaient restées de l'Inde, cette mort violente de son père au milieu des tumultes sanglants d'une révolte qui avait compromis sérieusement les possessions anglaises, tous ces souvenirs entretenaient chez elle cette pente vers la solitude et la mélancolie. A cela se joignaient le sentiment filial si fort dans son cœur et la pensée de cette crise de sa vie, où, dans un âge si tendre, elle aurait été exposée à un affreux abandon, si les offres et l'amour de son oncle n'étaient pas venus dissiper ces noirs nuages.

La gaieté de miss Lydie, son amabilité au point de vue du monde perdaient donc quelque chose par ces précédents ; tandis que d'autres qualités plus profondes et plus solides y gagnèrent beaucoup. A cet âge, posséder déjà tant de discrétion, de justesse d'esprit, de sage mesure et d'expérience, c'est ce qu'on voit bien rarement. Elle était une personne vraiment supérieure.

Quand à Chalmers, il s'était depuis longtemps aperçu que, dans un siècle cultivé et enivré de sa culture comme le nôtre, les objections les plus en vogue contre la piété évangélique affectent la prétention d'être empruntées à la science. Il avait cru en conséquence devoir munir de ce côté-là son arsenal de réponses à l'incrédulité ; il y avait pleinement réussi ; les libres penseurs de son époque et de son pays le redoutaient, tout en faisant grand cas de son noble caractère. Ses sermons sur l'astronomie avaient eu un retentissement européen.

Miss Lydie les avait entendus, les avait copiés pour l'imprimeur, avait demandé, sur ce qu'elle n'en comprenait pas, des explications que son esprit méditatif achevait ; elle y avait enfin trouvé un cours complet de cosmographie chrétienne.

Plusieurs fois, entre le vieux savant et sa petite-nièce, ce sujet et plusieurs autres se rattachant à l'enseignement avaient été approfondis. Le bon vieillard s'y prêtait toujours avec complaisance. « Cela ne peut jamais lui nuire, disait-il ; d'ailleurs, une institutrice a rarement du superflu en fait de lumières. »

Prévoyait-il, hélas ! que sa mort allait bientôt laisser de nouveau l'orpheline dans l'isolement et la pauvreté ? C'est ce qui serait infailliblement arrivé si la jeune fille, qui venait d'accomplir sa dix-huitième année, n'avait pas trouvé dans son instruction une ressource d'un prix immense. Elle était une excellente institutrice en même temps qu'une chrétienne éprouvée ; deux barrières, l'une contre le besoin, l'autre contre les piéges qu'elle allait rencontrer dans la vie.

Plusieurs emplois ne tardèrent pas à lui être offerts ; elle ne se hâta point. Elle était assez prudente pour vouloir faire un bon choix. L'un des amis de son grand-oncle lui ayant un jour parlé d'une famille française dont la mère, veuve, avait plusieurs jeunes enfants à élever, était pieuse, vivait retirée, dans une modeste position de fortune à Paris ; sans s'informer si dans cette maison, elle trouverait autant d'avantages matériels qu'ailleurs, elle accepta cette offre, se mit de tout son cœur à ces fonctions et nos lecteurs ont pu voir dans le cours de cet écrit de quelle manière elle s'en acquittait.

Plus d'une fois madame Suttervelle, chez qui un intérêt tout maternel n'avait pas tardé à naître envers la jeune institutrice, et à se fortifier à mesure qu'elle la voyait aux prises avec les difficultés de sa tâche, — avait mis la conversation sur Thomas Chàlmers, dont la science et la piété lui étaient connues et dont les généreux procédés envers sa petite-nièce lui avaient paru empreints d'une grande élévation. Elle renouvela ses questions à l'occasion de leur visite à l'Observatoire et par suite des nombreux et intéressants sujets d'entretien que cette visite avait soulevés. Un savant chrétien n'est pas chose si commune que l'on ne cherche pas à l'étudier, quand la chance favorable vient d'elle-même s'offrir.

Un jour voyant la jeune institutrice livrée à une profonde mélancolie, madame Sutterville lui dit, voulant la distraire : « Chère demoiselle, parlez-nous un peu du vénérable docteur Chalmers. Nous ne savons presque rien de lui, et pourtant sa célébrité au delà du détroit nous donne un vif désir de le mieux connaître. » — Une visite banale qui survint en ce moment empêcha l'institutrice de répondre.

La conversation ne pouvait en demeurer là. Elle était loin d'être épuisée. Elle avait d'ailleurs trop d'actualité pour la famille Sutterville pour n'être pas reprise. Les souvenirs encore vivants de l'Observatoire devaient tout naturellement là ramener. C'est ce qui arriva. Nos lecteurs nous sauront gré de la reproduire ici.

MADAME SUTTERVILLE. — Voudriez-vous, chère demoiselle, que nous reprenions l'entretien interrompu par la visite de ce matin? Je vous avais priée de nous donner quelques détails sur le parent vénéré à qui vous devez votre excellente éducation, le savant et digne Chalmers.

L'INSTITUTRICE. — Mon affection et mon respect pour sa mémoire ne peuvent que trouver leur compte à ce que vous désirez. Il était si bon!

MADAME SUTTERVILLE. — Êtes-vous restée longtemps avec lui?

L'INSTITUTRICE. — Près de neuf ans, madame ; à mon arrivée des Indes, il me prit auprès de lui; j'étais comme l'enfant de la maison.

MADAME SUTTERVILLE. — Ses paroissiens ne se plaignaient-ils pas que ses études lui fissent négliger ses devoirs de pasteur?

L'INSTITUTRICE. — Je crois bien qu'il eut quelques détracteurs; mais sa douceur parfaite et son zèle pastoral finirent par triompher des plus acharnés. Ils comprirent qu'à une époque où l'impiété renaît, cherchant à s'appuyer sur la science, l'instruction du pasteur sert la religion et confond les impies en tournant contre eux leurs propres armes.

MADAME SUTTERVILLE. — Chère amie, vous croyez fermement que votre foi a été rendue plus solide par votre instruction?

L'INSTITUTRICE. — Pardon, madame, vous concevez ma répugnance à parler de ma chétive personne! Un mauvais sentiment dicterait peut-être ma réponse.

MADAME SUTTERVILLE. — Vous! un mauvais sentiment! Non, chère enfant, ne craignez pas cela. Permettez que je réitère ma question.

L'INSTITUTRICE, hésitant. — Ma foi me vient de Dieu... de lui seul! Grâces lui en soient rendues! J'ai cru à mon Sauveur et je l'ai aimé sur les genoux de ma mère. Je crois pourtant pouvoir l'affirmer sans orgueil, ce que j'ai reçu de mon excellent bienfaiteur a éclairé mes convictions, a rendu ma foi, non plus tendre, ni plus expansive, mais plus ferme. Le don ineffable me semble plus enraciné dans mon cœur; je ne redoute plus autant les objections, je saurais mieux défendre la bonne cause de l'Évangile. Oh!... je viens de me vanter! Pardon, mon Dieu... qu'ai-je, que je n'aie reçu, et si je l'ai reçu, puis-je m'en glorifier!

MADAME SUTTERVILLE. — Chère amie, vos scrupules ne font que mieux voir votre foi, puisqu'ils témoignent de votre humilité. Mais permettez-moi quelques questions encore. M. Chalmers croyait-il aux causes finales, aux desseins bienveillants de Dieu dans la nature et l'histoire?

L'INSTITUTRICE. — Comment n'y aurait-il pas cru? il faudrait être aveugle pour ne pas les voir. S'il y croyait! il en parlait toujours. En astronomie surtout, que de fois il m'a fait voir la main miséricordieuse de Dieu dans l'obliquité des écliptiques planétaires, et dans tous ces équilibres si savamment maintenus!

MADAME SUTTERVILLE. — Mon intérêt ne fait que s'accroître. Quelle opinion s'était-il faite des savants ses contemporains?

L'Institutrice. — Plein de largeur pour tous, il disait de beaucoup qu'on n'avait pas bien saisi leurs doctrines. Il espérait toujours leur retour au vrai.

Madame Sutterville. — Ses rapports avec les principaux, quels étaient-ils?

L'Institutrice. — Galilée et Kepler étaient les objets incessants de son admiration; il se délectait de leurs ouvrages. Il parlait souvent de Newton. C'était son héros, le modèle des savants et des chrétiens.

Madame Sutterville. — Cette réunion de deux qualités est en effet, dans Newton surtout, bien admirable; elle fait du bien au cœur.

L'Institutrice. — Il me semble encore l'entendre quand il en parlait, tout ému. La modestie surtout de Newton le transportait, comme un homme qui en était lui-même capable.

Madame Sutterville. — Newton modeste! lui, dont les découvertes remplissent le monde savant. Je ne m'attendais pas, je l'avoue, à entendre traiter de modeste celui qui découvrit la gravitation.

L'Institutrice. — Il était religieux. L'orgueil ne prend pas sur ce fond-là.

Madame Sutterville. — Chère enfant, vous en êtes vous-même la démonstration.

L'Institutrice. — Épargnez-moi, madame. J'aime trop vos éloges pour ne pas les craindre.

Madame Sutterville. — Je me demande encore sur quoi Chalmers pouvait asseoir l'opinion qu'il avait de la modestie de Newton.

L'Institutrice. — Il la mettait si fort en relief qu'il devait bien avoir ses raisons pour cela. Je craindrais de les affaiblir en les rapportant...

Madame Sutterville. — Souffrez que j'insiste, chère amie. Il me faut une preuve de la modestie de Newton, sans cela...

L'Institutrice. — « Quel homme mieux que Newton, disait mon digne bienfaiteur, eût pu, donnant carrière à sa riche et féconde imagination, construire des hypothèses hardies ? Sa modestie l'en empêcha toujours. Toujours elle lui traça des limites qu'il ne franchit jamais. Les faits que ses instruments pouvaient atteindre, telles furent ces limites. Aussi hardi et ferme dans cette légitime sphère qu'il montre de circonspection et de sage réserve quand il en sort, humble et assidu devant cette création qu'il a tant contribué à faire connaître, il a posé les deux maximes de la vraie science : La proclamation courageuse des faits démontrés; la défiance et la patiente étude devant les faits douteux. »

Madame Sutterville. — C'est donc injustement qu'on lui a reproché ses interprétations des livres saints ?

L'Institutrice. — Il n'était, en cela, que fidèle à ses principes. Les faits divins qu'offre la Révélation étaient pour lui des faits aussi constatés que puissent en présenter l'histoire et la science de la nature; les étudier, les comprendre, se les appliquer sans ostentation, ce n'était que continuer sa vie scientifique.

Madame Sutterville. — Heureuse époque où les savants mettaient leur grandeur à être modestes! où avec Newton et Kepler ils regardaient le surnaturel, c'est-à-dire l'action de Dieu, comme un fait; et empruntaient au prophète-roi cette devise : *L'Éternel enseigne sa voie aux humbles;* et à saint Augustin cette maxime : *L'humilité est une grande lumière!*

XV

GRANDES STATUES, PETITS BUSTES

> No se convienen.
> (Goya, *Théâtre espagnol.*)
>
> Ils ne sont pas d'accord.
> (Traduction libre.)

Un Anglais, amateur d'astronomie, étant venu visiter la France, et voulant voir de près la plupart des grands monuments de Paris, n'eut garde d'oublier l'Observatoire. La spécialité des études qu'il avait faites lui rendait cette visite plus remplie d'intérêt qu'aucune autre.

Arrivé dans la grande salle des conférences, sa surprise fut grande de voir les deux belles statues de marbre blanc qui décorent l'entrée de cette pièce. L'une d'elles représente la Place, l'autre Cassini. Elles occupent évidemment la place d'honneur et, sous beaucoup de rapports, elles la méritent.

Mais à cette surprise de notre visiteur se joignit un sentiment de blâme dont il ne put maîtriser la vivacité, à la vue de plusieurs petits bustes en terre cuite humblement rangés le long des murs latéraux de la

même salle, disposés sur des armoires vitrées et tout
à fait sur l'arrière-plan.

L'étranger communiqua ses impressions au savant
académicien qui lui faisait les honneurs du monument,
lui disant qu'il ne se serait jamais attendu à un pareil
classement de mérite, et que pour sa part, il le trouvait injuste et nécessairement sujet à révision.

En vain l'académicien allégua-t-il qu'on n'avait par
ce choix prétendu honorer que les astronomes français,
sans vouloir aucunement déprécier ceux des autres
nations. La Place et Cassini, disait-il, avaient rendu de
trop grands services à la science en général pour qu'on
pût réclamer avec justice de les voir occuper la place
d'honneur dans un observatoire qu'ils avaient illus-
tré.

Loin de se rendre à ces raisons assez plausibles,
l'insulaire s'opiniâtrait ; et quelques membres de l'In-
stitut qui se trouvaient là s'étant mêlés à la discussion,
on vit les uns prendre la parti de l'Anglais, et les autres défendre avec acharnement le drapeau opposé.

Au milieu de ce débat animé, l'on put entendre des
voix qui s'écriaient : Quoi ! Kepler, Galilée et Newton
dans les rangs inférieurs ! Cassini et la Place y au-
raient-ils consenti ! n'en eussent-ils pas été indignés ?
La famille que nous avons jusqu'ici suivie dans sa
course à travers l'Observatoire n'avait, il faut l'avouer,
aucun titre pour s'immiscer dans le conflit soulevé; elle
le fit pourtant. Elle ne pouvait s'abstenir; elle avait son
for intérieur, sa manière à elle d'apprécier les choses.
D'ailleurs elle se souvenait de deux traits historiques :
d'abord du mot de la Place à Napoléon Ier. Le grand guer-

rier faisait observer au grand astronome que, dans son nouvel ouvrage *la Mécanique céleste*, le nom de Dieu n'était pas cité une seule fois. « Sire, avait répondu la Place, j'ai pu me passer de cette hypothèse. » Ce Dieu que la famille Sutterville servait, priait, qu'elle aimait, taxé de n'être qu'une hypothèse !...

D'un autre côté, elle se souvenait de cette élévation de Kepler à Dieu après la découverte des trois grandes lois qui président au mouvement des astres. « Et toi, mon âme, loue le Créateur; c'est par lui et en lui que tout existe. Soleil, lune et planètes, glorifiez-le ! A lui louange, honneur et gloire dans l'éternité. »

Et maintenant (douloureuse surprise) elle voit porté au pinacle celui dont le mot la scandalise, et celui dont la pieuse extase lui fait tant de bien, elle le voit relégué aux rangs inférieurs !

C'était pourtant tout bas qu'ils se communiquaient leurs sentiments, où dominait le désir de voir cette injustice un jour réparée.

Ernest et Susanne avaient entendu dire que Newton se découvrait respectueusement chaque fois qu'on prononçait devant lui le nom de Dieu. Aussi ce fut le premier candidat qui eut leur suffrage pour cette réparation qu'ils complotaient en commun.

Hélène donna sa voix à Galilée; c'était, disait-elle, avec son poëte favori :

> Pour avoir expié, par trois ans de prison,
> L'inexcusable tort d'avoir trop tôt raison.

Retenue par sa modestie, l'Institutrice ne voulut

point se prononcer; mais on entrevoyait qu'un senti-ment profond agitait son cœur.

Augustin s'était écrié : — Ah! si pendant quelques jours seulement, j'étais directeur de l'Observatoire, combien vite j'aurais réparé cette injustice.

Hélène. — Oui, sans doute; puisque ces deux hommes ont vaillamment combattu pour la science, qu'ils gardent la position qui leur a été décernée; mais que plusieurs autres qui n'ont pas travaillé moins vaillamment qu'eux ni avec moins de fruits, aient pour le moins une place à leurs côtés, ce n'est que justice.

Madame Sutterville. — Je le sens comme vous, mon enfant. Il y aurait encore l'embarras du choix. Car, mon cher Augustin, quelles statues voudrais-tu ici? Parle...

Augustin. — J'y réfléchirai...

Madame Sutterville. — Ton hésitation semble indi-quer qu'il faudrait qu'un jury, composé des délégués de toutes les nations, décrétât la liste des élus, et, en outre votât des fonds : le marbre est cher, et le bronze n'est pas à bas prix.

Alfred. — Et la main-d'œuvre !

Tous ensemble. — Un jury!... Oui, oui, adopté !

L'Institutrice. — En attendant que cette idée se réa-lise (ce qui pourrait entraîner certains délais), il vous est parfaitement loisible de dresser votre liste et de la compléter à tête reposée.

Augustin. — Puisque c'est ici un centre où plusieurs sciences se donnent la main, je voudrais que toutes eussent ici les statues de leurs meilleurs représentants et déjà pour mon compte je tiens les noms de trois ou de quatre.

Alfred. — Augustin croit-il que je n'ai pas autant de noms à proposer que lui? Tiens... d'anciens ou de modernes j'en puis présenter six et des meilleurs, savants à la fois et pieux !

Susanne. — O les pauvres imaginations !... Je pose, moi, la candidature de dix... de douze... et je veux pour eux les meilleures places... Là-bas... près des jours, et dans la cour et sur les plates-formes...

Hélène. — Je le vois, nous allons peupler l'Observatoire d'une armée de grandes statues. Gardons un peu de place pour les lunettes astronomiques.

Souriant de cette observation, ils s'arrêtèrent ; mais à demi-voix la nomenclature des chrétiens célèbres dans la science continua. Que de noms furent articulés par ces aimables enfants, leur institutrice et leur mère ! Noms singulièrement accouplés, comme on peut en juger par quelques exemples : Cuvier, Oberlin, Napoléon 1er, Charles Bonnet, de Saussure, Stapfer, Auguste de Staël, Faraday, de la Rive, Daniel Encontre, Linné, Flamsteed, Euler, le commodore Maury, Vinet, Adolphe Monod, Verhuell, madame Beecher Stowe, Wilberforce, Washington.

On ajoutait à cette collection de noms propres, un naturaliste, grand écrivain, un créateur de la géologie, un secrétaire de l'Académie, un illustre historien moderne.

Madame de Sutterville leva la séance par une observation de haute portée. J'espère qu'on trouverait sans peine d'autres savants qui sont chrétiens. Quant à ceux qui ne le sont pas, j'ai une confiance, ajouta-t-elle, c'est que si on étudiait à fond leurs découvertes, on acquerrait une idée plus grande de Dieu et de sa souveraineté. Les inégalités séculaires dans le cours de certains astres, examinées au flambeau d'une géométrie transcendante, ont été reconnues, m'a-t-on dit, comme n'étant qu'une oscillation de longue durée autour d'une place moyenne qui ne varie pas. Après avoir servi d'objection, elles sont devenues une démonstration, et l'assaillant s'est changé en auxiliaire. Ainsi s'est vérifié le mot de saint Paul : *Nous n'avons point de force contre la vérité ; nous n'en avons que pour la vérité.*

Après ces paroles, nos amis s'éloignèrent, plus calmes, de ces grandes statues et de ces petits bustes dont l'aspect avait d'abord soulevé chez eux le sentiment d'une injustice commise. L'espoir s'était peu à peu insinué dans leur cœur qu'un jour ce tort fait aux savants évangéliques serait réparé.

Ceci se passait en 1865.

Deux ans après, en mai 1867, Augustin, qui était allé visiter l'Exposition universelle, écrivait de Paris à madame de Sutterville, alors résidant à Marseille :

      « Bonne et digne mère,

« *Post-scriptum*. Tant de choses merveilleuses ne m'ont point fait oublier notre Observatoire impérial. J'ai voulu reporter ma pensée sur tant d'impressions reçues auprès de toi dans l'enceinte du vaste monument. Une chose va te surprendre. Te rappelles-tu un vœu émis par nous à propos de certaines grandes statues et de petits bustes? Eh bien,... ce vœu, il a été accompli. Les grandes statues sont bien toujours les génies du lieu, mais les petits bustes... ils ont disparu... J'ai tenté de questionner les gardiens ; point de réponse! Je n'en suis pas fâché pour les personnages ; car mieux vaut n'être point quelque part que de n'y être point à sa place.

« Est-ce l'effet du hasard? est-ce réparation tardive du grief dont l'Anglais se plaignait? Le directeur de l'Observatoire a-t-il agi de lui-même, ou bien quelque ordre supérieur lui a-t-il forcé la main? Je me perds en suppositions et je laisse à de plus habiles que moi à trouver la cause d'un changement qui est d'un bon augure. Ce sera, je le sais, une satisfaction pour toi et pour mes sœurs d'en recevoir la nouvelle.

« Bonne et digne mère, adieu.

« Ton fils respectueux,

« AUGUSTIN SUTTERVILLE. »

XVI

REMERCIMENTS D'UNE MÈRE

> Un verre d'eau en mon nom.
> (Marc, ix, 41.)

« Monsieur le secrétaire,

« Vous trouverez, je l'espère, tout naturel de ma part de tenir à ce que les rapports de politesse et de bienveillance que vous avez bien voulu soutenir avec ma famille et moi-même, pendant les deux visites que nous avons faites à l'Observatoire, qui ont été comme tout un voyage, ne finissent point sans que je vous dise combien ces rapports ont laissé pour vous, dans mon cœur, de gratitude et d'estime affectueuse.

« Les motifs qui m'engageaient à conduire mes enfants dans le glorieux établissement où j'ai eu l'honneur de vous rencontrer, étaient faciles à saisir. Il a toujours été bien arrêté dans mes projets de leur procurer, autant que possible, une forte culture intellectuelle; mais sans détriment de cette culture du cœur qu'assure la piété évangélique. Une solennelle recommandation de leur père mourant m'en a fait un devoir strict. J'accomplirai cette obligation. Car maintenant que, grâce à vos soins, nous avons, mes enfants et moi, acquis quelques notions sur l'Observatoire, je me confirme dans la conviction que la science, en particulier l'astronomie, est compatible avec un christianisme positif. A en juger même par ce qui se passe en moi, les pensées nées de cette source et les explications dont votre inépuisable bonté les accompagna, n'ont fait que donner plus de force à mes principes chrétiens. Mes chers enfants, les aînés surtout en jugent de même, et ce résultat heureux, qui me semble aussi durable que positif, c'est à vous, monsieur, qu'en grande partie, je dois l'attribuer.

« Pourquoi ne ferai-je pas l'aveu de ce qui aujourd'hui me paraît évident, savoir, qu'en mettant ainsi en contact de si jeunes âmes avec certaines conclusions dérivant de la science, je les exposais beaucoup, et que je jouais gros jeu? La science est parfois un mets bien substantiel pour être livrée, sans précaution, en pâture à de jeunes cœurs, avant que ces cœurs aient scellé leurs rapports avec Dieu par une plus longue expérience de son amour.

« Mes précautions étaient prises, et, d'ailleurs, ma présence aurait abrégé l'heure du péril aussitôt qu'il m'aurait apparu. Ma promesse, en outre, me liait. C'est ce qui me justifie.

« Toutefois quel n'eût pas été mon regret s'il fût arrivé que, séduit par l'un de ces mirages trompeurs du savoir moderne, l'un de mes enfants eût ouvert son esprit à cette manie de négation qui est le caractère dominant des philosophies du jour? aurais-je pu jamais m'en consoler ?

« L'affection d'une mère remplit tout son cœur, celle d'une mère veuve est, ce me semble, une concentration de sollicitudes. L'intérêt maternel se double de ce qui fait un vide si cruel dans la famille ; quelle limite aurait donc sa douleur, quand viendrait à se réaliser une telle éventualité !

« En entrant, comme vous l'avez fait, dans mes vues que votre perspicacité a devinées, en les secondant, en intervenant au moment opportun, vous avez fait plus que d'être courtois, vous avez été bon ; bon de cette bonté que l'on sent d'autant plus qu'elle se cache davantage. Vous avez consenti à servir mon plan, sans que je vous l'eusse confié : la tâche difficile de simplifier pour de jeunes esprits des points abstraits de la science, cette tâche, vous vous l'êtes donnée, et pour la remplir jusqu'au bout, vous avez bien voulu nous révéler vos convictions personnelles, et il s'est trouvé que votre pensée intime, sur ces grandes questions, et la mienne concordaient.

« Pourrais-je également être jamais assez reconnaissante envers l'illustre et savant directeur de l'Observatoire pour avoir fait tomber son choix sur vous, choix qui, de sa part, est un acte de bonté délicate et une profession de principes, tout ensemble.

« En tout ceci je ne puis méconnaître la main providentielle qui, dans les grandes phases de ma vie, s'est toujours approchée de son humble servante comme pour lui dire avec une ineffable tendresse : Tu es mon enfant.

« Ne le pensez-vous pas comme moi, monsieur ? Le temps que nous traversons est solennel. On se figurait le réveil religieux inauguré, la crise matérialiste passée ; Dieu semblait rétabli dans la pleine souveraineté de ses droits. Et voilà que la lutte recommence, les doctrines athées courent les rues ; les colonnes des journaux en débordent. On s'arrache des mains avec une avidité maladive une foule de livres fort bien faits d'ailleurs sur la terre, les mers, les météores, le ciel ; mais le nom de Dieu ne se lit pas dans ces livres. La nature... la nature partout... l'auteur de la nature nulle part. Si c'est là la tendance du siècle, quelques efforts dans le sens spiritualiste ne devraient-ils pas être tentés par des mains capables et fidèles?

« Quoi qu'il en soit, vous avez été pour moi une voix bénie. Mes vœux en évoquent une pareille pour chacun de mes concitoyens. J'ai compris que vos observations, à mesure que vous les semiez, poussaient de bonnes racines dans l'âme de mes enfants. Cela devait être, elles découlaient de vos lèvres sans effort, sans parti pris ; votre raison ne pouvait laisser aucune ombre, votre impartialité aucun doute. Je m'en suis bien assurée : tout est resté ineffaçable dans l'esprit, j'ose dire aussi dans le cœur de mes enfants : combien plus dans le mien !

« Oui, monsieur, plus je me sens mère, à ma tendresse, à mes faciles alarmes, à mes prières pour ceux qui sont ma vie et ma joie, plus je me sens redevable envers vous.

« A tous ces titres qu'en relisant ma lettre, je vois que j'ai à peine effleurés, vous voudrez bien permettre, monsieur, que je vous le dise : vous vous êtes attiré et vous avez pleinement obtenu dans mon affection et dans mon respect une place que rien ne vous fera perdre. Je vous en devais le simple et sincère témoignage.

« Agréez, monsieur le secrétaire, l'assurance de la haute estime et de l'affectueuse considération de votre bien dévouée,

« Veuve SUTTERVILLE. »

XVII

APPEL SÉRIEUX AUX HOMMES DE SCIENCE

> GALILÉE.
> . . . . J'ai ma royauté.
> La science...
> (PONSARD, *Galilée*.)

Il me semblerait difficile de clore ici ce sérieux pèlerinage à l'Observatoire, sans faire un acte de bienveillante et respectueuse courtoisie qu'on aurait grand tort de taxer d'acte de témérité. Ne dois-je pas au moins quelques adieux aux hommes de qui les travaux, les découvertes, les magnifiques instruments ont servi de thème à ce livre ?

Je n'attendrai donc pas plus longtemps pour le leur dire : c'est un besoin pour moi, en les quittant, de déposer, au seuil de leur glorieux laboratoire, quelques paroles de spiritualisme chrétien.

Que le moyen âge nous ait légué des croyances ambitieuses, tyranniques ; que, vermoulues jusqu'au centre, ces croyances s'évanouissent sous nos yeux, non sans une résistance aveugle et furieuse, ce n'est pas ici mon affaire.

Mais qu'il y ait une religion, qui, paisible, charitable et progressive dans ses formes, trouve son fond immuable dans le plus respectable des documents, l'Évangile; que cette religion-là, loin d'être hostile à la science, n'aspire vis-à-vis d'elle, au contraire, qu'à une entière réconciliation; que le traité de paix qui fera cesser leur antagonisme plusieurs fois séculaire, soit possible, soit désirable, soit fructueux pour les deux parties, voilà ce qui me semble d'une haute évidence, ce qui me semble bon à proclamer, dans un moment surtout où l'on s'occupe tant d'unité et de rapprochement.

Auquel de vous est-il besoin que je rappelle qu'en littérature, en esthétique, en science, la grande source d'où jaillissent le bon, le beau, le vrai, c'est la dignité des caractères? Là où cette source serait ou appauvrie ou tarie, la chance des mâles productions, des fortes découvertes qui illustrent un homme ou un siècle, serait par cela même, ou fort diminuée, ou perdue sans ressource.

Qu'on mette en parallèle deux jeunes savants, avec la mission d'exposer, à des lecteurs ou des auditeurs d'élite, quelque grande doctrine scientifique, ou quelque découverte féconde en applications; que toutes choses égales d'ailleurs, facilité, talents, études, l'un des deux ajoute à cette mise de fonds une âme sérieuse et croyante, et l'autre un cœur troublé et sans principes; qu'on juge ensuite l'œuvre respective de chacun d'eux. La question posée ainsi est par cela même résolue.

Cette élévation de caractère, dira-t-on peut-être, ne se trouve pas toujours nécessairement chez les hommes religieux. C'est vrai, je suis loin de nier les excep-

16

tions; je ne fais que formuler la règle; j'affirme que si le sentiment religieux est sincère, il est la base d'un attachement plus inébranlable au devoir.

La moralité d'un caractère religieux offre plus de gages d'un effort consciencieux, loyal, profond et constant, là où elle se trouve, que là où elle manque; à moins qu'on prenne pour force de caractère une certaine fierté dédaigneuse, fort commune aujourd'hui, partant d'un fond d'orgueil, et qui, soumise à la pierre de touche d'un travail scientifique, ne se justifierait que rarement.

Dans nos époques ravagées par tant de surexcitations, et où les sensualités et l'égoïsme sont si fortement mis en jeu, rien n'est plus commun que l'exaltation des personnalités. Croit-on que cet état du cœur soit bien en harmonie avec les longues et pénibles recherches où la vérité ne se conquiert qu'au jour le jour, où la moindre initiation aux secrets de la nature ne s'achète que par le travail patient et modeste, l'humble silence et le temps, ce facteur indispensable de tout progrès?

Affirmer que des croyances sincères et profondes ne seraient pas un auxiliaire puissant de travaux mieux suivis, d'études moins distraites, et que celui qui y apporterait cette consécration de soi-même ne serait pas un disciple plus soumis, partant plus favorisé, de cette grande maîtresse, la nature, la création de Dieu, affirmer cela, ce serait, je ne crains pas de le dire, aller contre toutes les données de l'expérience et de l'histoire.

Les époques les plus brillantes de la science et des

arts ont été celles où une certaine unité, une certaine vie d'ensemble, une certaine aspiration commune unissait les âmes. Il suffirait de se rappeler la Renaissance, la Réformation, le temps de Bossuet, de Pascal, de Molière, pour en être convaincu. Tout n'était pas religieux alors, mais tout n'était pas disloqué; à côté du travail de démolition, les fortes assises de la reconstruction apparaissaient. Et c'est, n'en doutons pas, ce qui tenait les chercheurs en haleine, leur criant le noble : En avant, et les cœurs en haut!

Pour retrouver aujourd'hui ces hautes aspirations qui engendrent les œuvres durables, que faudrait-il? Il faudrait, plus que nous n'en avons, de ces poitrines vaillantes que ne font pas fléchir des travaux d'un quart de siècle. Si le souffle inspirateur fait visiblement défaut à tant d'ouvriers, j'ai presque dit à tant de manœuvres, de la pensée, de la science ou de l'art, à quelle cause s'en prendre, si ce n'est à l'affaiblissement des convictions religieuses et à la défaillance des caractères? Il faudrait donc un grand moyen de relèvement, et où le trouver ailleurs que dans le remède indiqué?

Ils ont puisé probablement à cette source les vrais, mais si rares génies, dont se glorifie notre âge ; mais à côté de leurs découvertes et de leurs écrits, quelle masse de compilations, que de productions éphémères se publient tous les jours! que de livres, faits sur d'autres livres, on voit surgir et disparaître !

Pour assurer le succès de ces écrits, rien ne semble avoir été oublié; luxe typographique, illustrations charmantes, efforts de toute espèce, afin de mettre à la portée de tous ce mets de haut goût dont les âmes sont avides, la science ; de là, ces déluges périodiques de publications dont les auteurs ne prennent même pas le soin de dissimuler l'unique but poursuivi : un débit promptement fructueux. O la fine et juste ironie, et s'appliquant à merveille aux écrits de notre temps, que celle qui sourit dans ces vers :

> Je crois, dit-il, qu'il est bon ;
> Mais le moindre ducaton
> Ferait bien mieux mon affaire.

Voilà où nous en sommes, et voilà la devise de la littérature scientifique du jour ! De bonne foi, peut-on croire qu'un peu plus de spiritualisme, que quelques croyances sincères et graves, un peu plus d'estime de soi-même, chez la plupart des écrivains, ne mettraient pas une certaine barrière à cet excès de fécondité, et, en relevant un peu le niveau de cette littérature, ne serviraient pas mieux les vrais intérêts de la science ?

Ce n'est donc pas seulement la cause de votre dignité que je plaide ici, hommes de science, c'est aussi, c'est surtout la cause de votre gloire.

Quelques œuvres de haute valeur, je veux le répéter, ont glorifié les produits de la pensée dans ces derniers temps ; mais scrutez ces œuvres et ces découvertes avec attention, que découvrirez-vous : le voici. Dans le plus grand nombre de cas, une croyance vivante dans le cœur aura été le principe auquel vous reconnaîtrez que ces découvertes doivent le jour.

Une croyance vivante dans le cœur, n'est-ce pas ce qui guidait Colomb dans son audace sublime à poursuivre ce monde nouveau auquel il croyait sans l'avoir vu ?

Une croyance vivante dans le cœur inspirait l'Apôtre, quand il plantait le drapeau du Christ à côté des aigles du Capitole.

Une croyance vivante dans le cœur, telle a été, telle sera toujours l'aile puissante sur laquelle a plané et planera tout grand artiste, tout grand homme d'État, tout grand bienfaiteur du monde. Vous avez besoin de cette aile et de cet essor, hommes de science. Si l'aile se relâche, si la flamme pâlit, l'essor s'arrête, la vue s'offusque, la concentration diminue, le froid gagne.

C'est bien là, permettez à un homme qui n'a que ses vœux à vous offrir, de vous le dire, c'est bien le malheur dont nous menace le scepticisme contemporain. Pourriez-vous dire que par l'effet de cette épidémie dont les symptômes sont si peu équivoques, par laquelle tant d'ateliers, aux champs et à la ville, tant d'écoles et tant d'académies ont été envahis, le niveau moral n'a pas baissé ? êtes-vous parfaitement sûrs qu'à un certain degré, la contagion ne vous ait pas atteints vous-mêmes ?...

Quel cruel ennemi vous auriez là ! car, vous le savez bien, ces doutes anxieux, ces rongements cruels, ces angoisses attachées aux succès des rivaux, ces luttes jalouses d'écoles et de doctrines, ces cabales péniblement ourdies, ces roueries qu'on croit profondes et qu'un accident démasque, toutes ces épines qui déchirent si douloureusement le cœur ne procèdent que de là ; une religion pure vous en affranchirait la plupart du temps.

Je m'en tiens là ; je ne veux ouvrir mon esprit ni aux misères des coteries disant :

Nul n'aura de l'esprit, hors nous et nos amis ;

ni aux sentiments dont on accuse quelques-uns, savoir la peur de se compromettre, ni aux ignobles vénalités de la plume. Arrière de moi, ces soupçons indignes des savants de mon pays, auxquels j'ai voué toute ma vénération !

Combien donc plus féconde et plus belle serait votre carrière de savant si le sentiment religieux y prédominait davantage ; et combien plus dégagée aussi, serait notre chère France, des entraves qui retardent ses progrès dans toutes les voies ouvertes devant ses pas, si vous vouliez un peu plus vous souvenir de tout ce que vous pouvez pour son bonheur !

Ne vous y trompez pas, vous exercez sur elle un irrésistible ascendant. Les yeux fixés sur vous, bien qu'impuissante parfois à vous bien comprendre, elle vous suit pas à pas, s'enquérant de vos principes, et résolue à vous suivre, fût-ce dans l'abîme, car elle idolâtre ce qui est glorieux et grand, et vous êtes sa gloire et sa grandeur.

Vous pouvez dire en toute vérité, avec Galilée de M. Ponsard :

. . . . . . J'ai ma royauté,
La science...

Ces ouvriers, ces travailleurs, ces légions qui remplissent les ateliers, sillonnent les routes, les ports, ces myriades de pionniers de l'industrie, savez-vous ce qu'ils disent de vous, hommes de science?

« Si leurs études, leurs observations, la vue des merveilles de la nature, les laissent si indifférents sur la question de Dieu, si dans leurs ouvrages ils semblent n'en faire mention qu'avec froideur et répugnance, quelle conséquence voulez-vous que nous tirions de cela?

« Si l'anatomiste, si le géologue, si l'astronome, le chimiste, le physicien, s'arrêtent exclusivement sur la matière, s'ils ne voient qu'elle, s'ils ne s'élèvent jamais au delà, que vient-on ensuite nous parler d'un Dieu, d'une providence, du devoir, du sacrifice, du surnaturel, de la rédemption et d'un avenir rémunérateur? »

Échos affaiblis de ce qu'ils disent de vous, ces millions de travailleurs! Par où vous pouvez voir, hommes de science, quel bien il est en votre pouvoir de leur faire; mais aussi quel mal; quelles souffrances vous pouvez aigrir ou mitiger; quelles passions vous pouvez apaiser ou déchaîner et, par conséquent, combien grande est la responsabilité qui pèse sur vous en face de la prospérité du pays inséparable de sa moralité.

Cela est grave, songez-y; car chaque mot dont vos chaires retentissent, chaque période interrompue par des applaudissements qui ont de quoi exalter le cœur, chaque colonne de vos journaux imprégnée de la séduction de votre éloquence vont, s'étendant et se multipliant, de maison en maison, de cercle en cercle et de cité en cité, apportant et semant avec eux ou l'esprit d'ordre, ou l'esprit de désordre ; ou le travail, ou la dissipation ; ou la patience soumise et satisfaite, ou la soif ardente de jouir sans avoir travaillé ; enfin, ou la soumission énergique au devoir, ou bien l'ardente et turbulente réclamation du droit.

C'est ainsi que le caractère de vos leçons — selon qu'elles conduisent à Dieu ou au néant gouvernant le monde — enfante nécessairement pour nous, le peuple, qui croyons toujours, hélas ! sur parole, soit l'aspiration en haut vers le bien, soit la descente toujours plus bas vers la matière. Vous faites dériver pour nos lèvres altérées la source pure ou la source impure... l'une jaillissant d'une cime immaculée, l'autre suintant de citernes limoneuses et insalubres.

Pour dissiper, en finissant, tout noir présage et résumer en une courte conclusion cet essai, tournons nos yeux vers le bel avenir dont l'aurore commencerait à luire si vous le vouliez. *Une science plus religieuse, une religion plus éclairée, seraient peut-être la solution de la difficulté.* Qu'on le tente, la chose en vaut la peine. Que la nation travaille, produise, s'instruise, fuyant les négations qui énervent et les superstitions qui abrutissent. Que les savants ne s'emprisonnent plus dans le matériel et le visible, car ils côtoient à tout instant l'invisible et l'inexplicable. Ils ont beau faire, ces deux domaines s'imposent à eux ; qu'ils les acceptent donc. Que de leur côté, les spiritualistes chrétiens cessent de voir dans la science un épouvantail. Ils ont à gagner quelque chose à la cultiver. Des arguments portant plus juste, des objections vieillies qui deviennent des preuves : toutes ces armes sont-elles à négliger en cas de lutte?

Mais non ; ne parlons plus de guerre ; plus de *non possumus*, plus de *ancilla* et de *domina*. Le Dieu de la nature et le Dieu de la révélation sont le même Dieu. La science et la religion ne sauraient être en hostilité. Vous, hommes de science, et vous, hommes de croyance, soyez les négociateurs du traité : que l'entente cordiale soit signée, que le baiser d'union retentisse et que les mains se rapprochent et s'étreignent. Que la France, cette médiatrice de tant d'intérêts, soit le siége de ce grand contrat. Seuls, ô hommes de science, vous pouvez en être les instigateurs, comme vous en êtes les plénipotentiaires.

Respectueux et amical adieu, que vous prie humblement, mais instamment d'agréer,

L'AUTEUR.

FIN

TABLE DES MATIÈRES

INTRODUCTION

PREMIÈRE JOURNÉE

DEUXIÈME JOURNÉE

PARIS. — IMP. SIMON RAÇON ET COMP., RUE D'ERFURTH, 1.

PARIS. — IMP. SIMON RAÇON ET COMP., RUE D'ERFURTH, 1.